网络空间安全重点规划丛书

云计算及云安全

杨东晓 张锋 陈世优 编著

清华大学出版社

北京

内 容 简 介

本书系统介绍云计算及云安全知识。全书共 12 章,主要内容包括云计算概述、云计算安全问题与安全体系、云计算安全管理方法及相关模型、基础设施安全、Hypervisor 安全、虚拟化安全、操作系统安全、应用安全、数据安全、云安全服务、云安全管理平台和一个典型案例。每章均提供思考题,以帮助读者总结知识点。

本书可作为高校信息安全、网络空间安全等专业的教材,也可作为网络工程、计算机技术应用培训教材,还可供网络安全运维人员、网络管理人员和对网络空间安全感兴趣的读者参考。

本书封面贴有清华大学出版社防伪标签,无标签者不得销售。
版权所有,侵权必究。举报:010-62782989,beiqinquan@tup.tsinghua.edu.cn。

图书在版编目(CIP)数据

云计算及云安全/杨东晓,张锋,陈世优编著.—北京:清华大学出版社,2020.4(2024.8重印)
(网络空间安全重点规划丛书)
ISBN 978-7-302-55086-0

Ⅰ.①云… Ⅱ.①杨… ②张… ③陈… Ⅲ.①云计算-网络安全 Ⅳ.①TP393.08

中国版本图书馆 CIP 数据核字(2020)第 047338 号

责任编辑:张　民　战晓雷
封面设计:常雪影
责任校对:焦丽丽
责任印制:杨　艳

出版发行:清华大学出版社
　　　　网　　　址:https://www.tup.com.cn,https://www.wqxuetang.com
　　　　地　　　址:北京清华大学学研大厦 A 座　　　　　邮　　编:100084
　　　　社 总 机:010-83470000　　　　　　　　　　　　邮　　购:010-62786544
　　　　投稿与读者服务:010-62776969,c-service@tup.tsinghua.edu.cn
　　　　质量反馈:010-62772015,zhiliang@tup.tsinghua.edu.cn
　　　　课件下载:https://www.tup.com.cn,010-83470236
印 装 者:三河市人民印务有限公司
经　　销:全国新华书店
开　　本:185mm×260mm　　　　印　　张:10.25　　　　字　　数:231 千字
版　　次:2020 年 5 月第 1 版　　　　　　　　　　　印　　次:2024 年 8 月第 7 次印刷
定　　价:35.00 元

产品编号:085318-01

网络空间安全重点规划丛书

编审委员会

出版说明

21 世纪是信息时代,信息已成为社会发展的重要战略资源,社会的信息化已成为当今世界发展的潮流和核心,而信息安全在信息社会中将扮演极为重要的角色,它会直接关系到国家安全、企业经营和人们的日常生活。随着信息安全产业的快速发展,全球对信息安全人才的需求量不断增加,但我国目前信息安全人才极度匮乏,远远不能满足金融、商业、公安、军事和政府等部门的需求。要解决供需矛盾,必须加快信息安全人才的培养,以满足社会对信息安全人才的需求。为此,教育部继 2001 年批准在武汉大学开设信息安全本科专业之后,又批准了多所高等院校设立信息安全本科专业,而且许多高校和科研院所已设立了信息安全方向的具有硕士和博士学位授予权的学科点。

信息安全是计算机、通信、物理、数学等领域的交叉学科,对于这一新兴学科的培养模式和课程设置,各高校普遍缺乏经验,因此中国计算机学会教育专业委员会和清华大学出版社联合主办了"信息安全专业教育教学研讨会"等一系列研讨活动,并成立了"高等院校信息安全专业系列教材"编审委员会,由我国信息安全领域著名专家肖国镇教授担任编委会主任,指导"高等院校信息安全专业系列教材"的编写工作。编委会本着研究先行的指导原则,认真研讨国内外高等院校信息安全专业的教学体系和课程设置,进行了大量具有前瞻性的研究工作,而且这种研究工作将随着我国信息安全专业的发展不断深入。系列教材的作者都是既在本专业领域有深厚的学术造诣,又在教学第一线有丰富的教学经验的学者、专家。

该系列教材是我国第一套专门针对信息安全专业的教材,其特点是:

① 体系完整、结构合理、内容先进。

② 适应面广:能够满足信息安全、计算机、通信工程等相关专业对信息安全领域课程的教材要求。

③ 立体配套:除主教材外,还配有多媒体电子教案、习题与实验指导等。

④ 版本更新及时,紧跟科学技术的新发展。

在全力做好本版教材,满足学生用书的基础上,还经由专家的推荐和审定,遴选了一批国外信息安全领域优秀的教材加入系列教材中,以进一步满足大家对外版书的需求。"高等院校信息安全专业系列教材"已于 2006 年年初正式列入普通高等教育"十一五"国家级教材规划。

2007 年 6 月,教育部高等学校信息安全类专业教学指导委员会成立大会暨第一次会议在北京胜利召开。本次会议由教育部高等学校信息安全类专业教学指导委员会主任单位北京工业大学和北京电子科技学院主办,清华大学出版社协办。教育部高等学校信息安全类专业教学指导委员会的成立对我国信息安全专业的发展起到重要的指导和推动作用。2006年,教育部给武汉大学下达了"信息安全专业指导性专业规范研制"的教学科研项目。2007年起,该项目由教育部高等学校信息安全类专业教学指导委员会组织实施。在高教司和教指委的指导下,项目组团结一致,努力工作,克服困难,历时5年,制定出我国第一个信息安全专业指导性专业规范,于2012年年底通过经教育部高等教育司理工科教育处授权组织的专家组评审,并且已经得到武汉大学等许多高校的实际使用。2013年,新一届教育部高等学校信息安全专业教学指导委员会成立。经组织审查和研究决定,2014年,以教育部高等学校信息安全专业教学指导委员会的名义正式发布《高等学校信息安全专业指导性专业规范》(由清华大学出版社正式出版)。

2015年6月,国务院学位委员会、教育部出台增设"网络空间安全"为一级学科的决定,将高校培养网络空间安全人才提到新的高度。2016年6月,中央网络安全和信息化领导小组办公室(下文简称"中央网信办")、国家发展和改革委员会、教育部、科学技术部、工业和信息化部及人力资源和社会保障部六大部门联合发布《关于加强网络安全学科建设和人才培养的意见》(中网办发文〔2016〕4号)。2019年6月,教育部高等学校网络空间安全专业教学指导委员会召开成立大会。为贯彻落实《关于加强网络安全学科建设和人才培养的意见》,进一步深化高等教育教学改革,促进网络安全学科专业建设和人才培养,促进网络空间安全相关核心课程和教材建设,在教育部高等学校网络空间安全专业教学指导委员会和中央网信办组织的"网络空间安全教材体系建设研究"课题组的指导下,启动了"网络空间安全重点规划丛书"的工作,由教育部高等学校网络空间安全专业教学指导委员会秘书长封化民教授担任编委会主任。本规划丛书基于"高等院校信息安全专业系列教材"坚实的工作基础和成果、阵容强大的编审委员会和优秀的作者队伍,目前已有多部图书获得中央网信办与教育部指导和组织评选的"网络安全优秀教材奖",以及"普通高等教育本科国家级规划教材""普通高等教育精品教材""中国大学出版社图书奖"等多个奖项。

"网络空间安全重点规划丛书"将根据《高等学校信息安全专业指导性专业规范》(及后续版本)和相关教材建设课题组的研究成果不断更新和扩展,进一步体现科学性、系统性和新颖性,及时反映教学改革和课程建设的新成果,并随着我国网络空间安全学科的发展不断完善,力争为我国网络空间安全相关学科专业的本科和研究生教材建设、学术出版与人才培养做出更大的贡献。

我们的E-mail地址是:zhangm@tup.tsinghua.edu.cn,联系人:张民。

"网络空间安全重点规划丛书"编审委员会

前　言

没有网络安全,就没有国家安全;没有网络安全人才,就没有网络安全。

为了更多、更快、更好地培养网络安全人才,许多学校都加大投入,聘请优秀教师,招收优秀学生,建设一流的网络空间安全专业。

网络空间安全专业建设需要体系化的培养方案、系统化的专业教材和专业化的师资队伍。优秀教材是网络空间安全专业人才的关键。但是,这是一项十分艰巨的任务。原因有二:其一,网络空间安全的涉及面非常广,至少包括密码学、数学、计算机、通信工程等多门学科,因此,其知识体系庞杂、难以梳理;其二,网络空间安全的实践性很强,技术发展更新非常快,对环境和师资要求也很高。

"云计算及云安全"是网络空间安全和信息安全专业的基础课程,主要介绍云计算及云安全基础知识。本书涉及的知识面较宽,共分为12章。第1章为云计算概述,第2章介绍云计算安全问题与安全体系,第3章介绍云计算安全管理方法及相关模型,第4章介绍基础设施安全,第5章介绍Hypervisor安全,第6章介绍虚拟化安全,第7章介绍操作系统安全,第8章介绍应用安全,第9章介绍数据安全,第10章介绍云安全服务,第11章介绍云安全管理平台,第12章介绍一个典型案例。

本书既适合作为高校网络空间安全、信息安全等专业的教材,也适合网络安全研究人员作为网络空间安全领域的入门基础读物。随着新技术的不断发展,作者今后将不断更新本书内容。

由于作者水平有限,书中难免存在疏漏和不妥之处,欢迎读者批评指正。

作　者
2019 年 7 月

目 录

第1章

云计算概述

1.1 云计算的出现和发展

1996年,Compaq公司在其内部文件中首次提及"云计算"。在2006年圣和塞搜索引擎大会(SES San Jose 2006)上,"云计算"的概念由Google公司的首席执行官Eric Schmidt正式提出。其实早在20世纪60年代,计算机科学家约翰·麦卡锡(John McCarthy)就公开提出了以下设想:"如果我倡导的计算机能在未来得到使用,那么有一天,计算也可能像电话一样成为公用设施。"这种像提供水、电、天然气等基础设施服务一样,将计算资源以服务的形式通过网络提供给用户的理念,正是云计算思想的起源。提供资源的网络被称为云。云中的资源对于使用者来说是可以无限扩展的,并且可以随时获取,按需使用,按使用付费。

21世纪初,随着信息化的普及和发展,特别是Web 2.0的飞速发展,各种媒体数据呈现指数级增长,传统的计算模式已经无法满足大数据处理的需求,各种问题开始涌现。企业系统需要处理的业务迅速增长,计算、存储、网络硬件等成为企业发展的制约因素。企业为了满足业务需求,往往需要花大量资金去购买基础设施,除此之外还需要投入大量资金对系统进行支持和维护。另外,为了满足峰值负载性能需要,企业往往按照最大使用负载来配置IT资源,然而在多数时间里,这些资源都处于闲置状态,这种资源的过度配置使得系统的使用效率低下,造成了成本浪费。以上问题推动着云的形成和整个云计算市场的发展,是云计算发展的重要驱动力。

随着技术的不断发展,虚拟化技术、网格计算、集群技术等技术逐渐成熟,再加上Google、Amazon、Microsoft等IT巨头的大力推动,为实现资源和计算能力共享及应对互联网上各种数据高速增长趋势,云计算应运而生。NIST(National Institute of Standards and Technology,美国国家标准与技术研究院)对云计算的定义是:云计算是一种模型,可以实现随时随地、便捷地、按需地从可配置计算资源共享池中获取所需的资源(例如网络、服务器、存储、应用程序及服务),资源可以快速供给和释放,使管理的工作量和服务提供者的介入降低至最少。云计算并不是一项全新的技术,它是并行计算、网格计算、效用计算等技术的发展,它利用虚拟化、分布式计算等技术将IT基础设施资源集中起来,构建先进的数据中心,再根据用户的需求对资源进行动态分配,从而实现对资源的整合和高效利用。

自云计算的概念被提出以来,世界各主要国家和企业都积极加快战略部署,推动云计算的普及应用。Google、IBM、Amazon等IT巨头纷纷投入到云计算的研发中,各国政府也斥巨资发展云计算,一些发达国家政府机构还通过积极使用基于云计算的系统来示范,以带动云计算产业的发展。与此同时,云计算在发展过程中也面临着各种各样的风险和挑战,很多关键性技术和理论问题亟需解决。例如,当支撑云计算的集群计算系统规模增大后,如何保证系统的可靠性和稳定性;另外,云计算本身的安全问题也日益凸显,安全、可信和隐私问题成了云计算普及的主要障碍,如何确保用户数据的安全性以及用户的隐私不被泄露,都是云计算目前面临的重要挑战。

1.2　基于部署方式的云计算分类

基于部署方式对云计算进行分类时,主要是根据所有权、大小和访问方式来对云计算进行分类的。云类型确定了云计算服务的实施范围,也确定了适合提供某种服务的底层基础设施。一般来说,云计算可以分为3类:公有云、私有云、混合云。

1.2.1　公有云

公有云是历史上最早实现的云计算,它是第三方利用自身基础设施来为用户提供服务。公有云又可称为开放云,它通常对大众开放,使用公有云的用户无须拥有云计算资源即可直接利用网络访问云服务。NIST 对公有云的定义是:一种用于公众的或大型工业组织的云基础设施,归属于提供云服务的运营商企业。公有云原则上对普通大众开放,这里的普通大众指的是个人用户或企事业单位。

从结构上看,公有云是一个分布式系统,由一个或多个连接在一起的数据中心构成物理基础设施,然后在其上部署、实现服务并交付使用。公有云的计算模型可以分为公有云接入、公有云平台、公有云管理 3 个部分。用户是通过互联网获取云计算服务的,公有云接入负责对接入的企业或个人用户进行身份认证,判断用户的权限和服务条件等,通过审查的用户才能进入公有云平台并获得相应的云服务;公有云平台负责组织协调计算资源,并根据用户的需求自动为其提供云服务;公有云管理负责对公有云接入、公有云平台进行管理监控,确保用户可以获得优质的公有云服务。

在公有云中,基础设施都归云服务商所有,并向不受限的广大用户群体开放服务,用户在无须进行硬件投资的情况下就可以实现资源和应用系统的快速部署。公有云的运维管理都是在服务提供商的数据中心实现的,这些数据中心可以是在地理上分散的,它们共同分担着用户任务负载,根据用户的位置更好地为用户提供服务。云服务提供商为用户提供 IT 软硬件基础设施的共享、远程运行、动态许可等服务,并且负责其拥有的云及 IT 资源的日常运维和管理工作,这些管理工作包括安全管理,例如记录、监控以及控制的实施等。用户通过网络即可向公有云服务提供商租用公共基础设施或订购应用程序服务,并根据实际使用情况付费,在使用过程中还可以根据实际情况动态地申请或释放资源。通过使用公有云,用户不需要大量前期投资即可满足 IT 需求,大大降低了 IT 基础设施的建设和维护成本。

公有云的特点是面向多用户,它支持大量用户使用,每个用户都拥有一个与其他用户相互隔离的虚拟计算环境。这种做法可以有效提高资源的利用率,降低 IT 基础设施建设成本。但与此同时,多个租户共享相同的基础设施又会引发数据和隐私的安全保护问题。另外,公有云的服务提供商控制着基础设施,致使用户失去了对租用的 IT 基础设施的控制权,这也会带来一定的安全风险。目前公有云环境中的网络攻击增长迅速,安全问题错综复杂,公有云安全成了各界关注的焦点。

公有云安全主要涉及两个方面:一个是云平台自身的安全,它主要针对的是公有云环境本身存在的安全隐患,例如云环境中的数据安全、应用系统与服务安全、用户信息安全等;另一个是公有云技术在安全领域的具体应用,即通过利用公有云的优越性来提升安全系统的服务性能,实现统一的安全监控管理。

1.2.2　私有云

私有云也可以称为内部云,它是某个组织利用虚拟化等技术构建的,专门供内部成员或合作伙伴使用的私有云计算环境。NIST 对私有云的定义是:一种专门供企业内部使用的、由企业或第三方管理的、位于企业网络内或企业网络外的云基础设施。

私有云是一个虚拟的分布式系统,它通常依赖于私有的 IT 基础设施,这些基础设施可能是数据中心、集群、企业网格或者是它们的组合。私有云能将企业现有的基础设施转到云中,让企业在保证控制、企业治理和可靠性的前提下使用云计算框架。私有云是针对单个组织设计的,只有组织内部人员才能共享这些计算资源和基础设施,即私有云只为某个组织提供服务,其他企业无法共享这些资源。在私有云中,基础设施由企业自己购买并负责维护,企业自身拥有对云基础设施的控制和管理权,可以自己选择更安全、更灵活的数据安全策略和数据备份计划,充分利用各种安全机制和设备来保证安全。

与公有云相比,私有云有着它独特的优势。私有云最大的优势是具有较高的安全性和私密性,它可以构筑在防火墙后面或企事业单位的内网上,从而保证数据的安全。其次,私有云的服务质量有保证,因为私有云一般部署在内网或专网上,而不是部署在某个距离很远的数据中心,因此当用户对其进行访问时能够获得非常稳定的服务,不会因为网络不稳定而受到影响。另外,私有云的部署方式相对灵活,企业拥有私有云的基础设施,因此可以自己控制在基础设施上部署应用程序的方式,可以根据企业实际情况构建满足个性化需求的私有云。

但与此同时,私有云也存在着一定的缺陷。首先,私有云的创建成本较高,可以说跟传统的 IT 基础设施创建成本基本相同,因此一个组织要足够庞大,才能从私有云这种云部署中获利,一般情况下使用私有云的是大型组织或政府组织。其次,私有云在按需进行弹性扩展方面能力有限,不能很好地解决峰值负荷,组织内部每个成员都要服从企业核心业务的高峰和低谷趋势。组织为了保证私有云内有足够的资源来满足企业高峰期的需求,通常需要根据最大负载时的使用情况来设计私有云,这会让很大一部分资源经常处于闲置状态,从而导致资源的利用率低下。

1.2.3　混合云

混合云通常由公有云和私有云组成,其模型如图 1-1 所示,它支持客户应用在云间进行数据共享、自动部署、灵活迁移和按需扩展。绝大多数的混合云是由公有云和私有云组合而成的,融合了公有云和私有云的优缺点,混合云也可以理解为继承了一个或多个公有云的附加服务或资源的私有云。NIST对混合云的定义是:两个或两个以上云的结合,每个云都作为一个单独实体存在,但又通过可以提供数据和应用移植性的标准或专有技术(例如用于在云之间进行负载均衡的云爆发)绑定在一起。

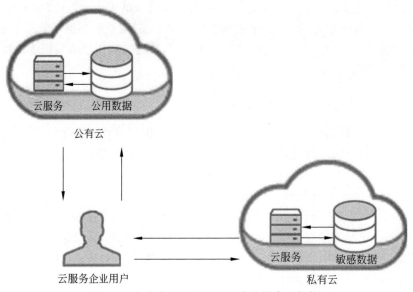

图 1-1　由公有云和私有云组成的混合云架构

　　混合云近几年发展迅速,它兼顾了数据的安全性和资源的共享性,达到了省钱又安全的效果,因此受到了越来越多企业的青睐。大多数混合云是公有云和私有云的结合,典型的混合云部署模式是用户在私有云的基础上进行扩展,利用公有云服务资源来扩展私有云的资源范围,它既具有公有云可扩展、节约成本的优势,也具有私有云安全可控的优势。

　　混合云部署模式下的企业云一般由内部私有云和外部公有云构成,它能利用现有的硬件和软件基础设施保护企业关键的敏感信息,并且可以让企业按需自动扩展和缩减资源,这样,企业就可以在保证数据安全的前提下,在业务扩展时按需调用外部资源,并在不需要的时候将其释放。在混合云模式下,企业可以将敏感、关键的云服务部署到私有云上,将不那么敏感的云服务部署到公有云上,这样可以同时满足安全性和灵活可扩展性。

　　混合云的架构有很大的弹性。一方面,混合云具备动态分配的能力,即按需获取或释放虚拟机,增强分布式系统功能的能力,因此可以充分利用外部资源来满足超负荷的需求;另一方面,混合云的标志性特征是支持云爆发。所谓云爆发,指的是当需求最旺盛的时候,云仍能在不牺牲安全性的前提下实现应用的动态部署。

　　但与此同时,混合云也面临着很多的挑战。首先是安全方面的问题:如何确保本地数据中心资源的安全;如何确保公有云迁移的数据和应用的安全;如何确保在多家云服务提供商的云上存储的数据是安全的;等等。其次,混合云在管理方面也面临着很多问题:混合云中的私有云和公有云这可能是两种不同的IT架构和环境,应该如何管理好不同的云环境;混合云中的身份认证和授权管理等往往需要跨越私有云和公有云这两个不同的环境,这种情况应该如何应对;等等。

1.3　云计算的交付模型

云计算的交付模型指的是云服务提供商提供的具体的、已经打包的 IT 资源组合。通常来说,云计算的交付模型可以分 3 种:基础设施即服务(Infrastructure as a Service,IaaS)、平台即服务(Platform as a Service,PaaS)、软件即服务(Software as a Service,SaaS)。

由 Garnter 机构提出的责任共担模型如图 1-2 所示。其中,IaaS 是最基础、最接近云计算基本定义的服务。云服务提供商将云基础设施作为服务租给用户,为用户提供计算、存储、网络等基础设施资源。用户可在云基础设施上配置和运行操作系统和应用软件等。PaaS 是经过云服务提供商封装的 IT 资源。用户不需要管理网络、服务器、操作系统等云基础设施,仅需管理部署在云上的应用以及配置应用程序的主机环境。SaaS 为用户提供运行在云基础设施上的应用程序。用户通过 Web 浏览器或瘦客户端访问应用。

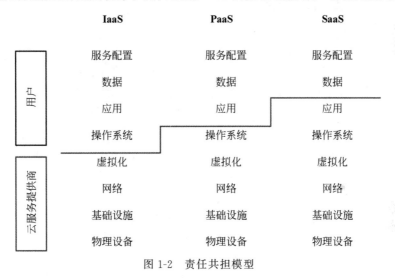

图 1-2　责任共担模型

接下来对这 3 种云计算交付模型逐一进行介绍。

1.3.1　IaaS

IaaS 是一种根据需求将磁盘、网络、CPU 等原始虚拟计算基础设施作为服务交付给用户的模型,它是最底层的云服务,用户通过云服务的接口和工具就可以对这些 IT 资源进行访问和管理。NIST 对 IaaS 的定义是:将计算、存储、网络等基础 IT 资源以服务方式提供给用户,基于这些资源,用户可以部署和运行包括操作系统在内的各种软件,而无须管理或控制底层云基础设施。此外,用户还可以按需对 CPU、内存、硬盘、网络和安全组件等进行灵活配置。

在没有 IaaS 的情况下,企业往往在计算基础设施上需要大量的前期资金投入,这些投资包括专用硬件和软件的购买和租赁、基础设施的维护和折旧、雇佣专业技术人员等，企业在计算基础设施上的投入占据了企业的大部分开销，而 IaaS 的出现可以让企业省下这笔开支。

IaaS 服务提供商根据用户需求，以虚拟机实例的形式将虚拟化的存储、处理、计算服务、基础设施资源等交付给用户，用户通过 IaaS 服务提供商提供的基础设施访问接口就可以访问和使用这些资源，并根据实际使用情况付费。IaaS 服务提供商通常利用虚拟化技术，将一台物理设备划分为多台虚拟设备提供给用户，各个虚拟设备的资源和数据相互隔离，这样可以让多个虚拟设备共享一台物理设备的物理资源，从而充分复用物理设备的计算资源，提高资源的利用率。另外，IaaS 有着良好的扩展性，能根据用户需求弹性地扩容，因此用户能利用 IaaS 方便地构建动态可扩展的计算机系统。IaaS 提供的虚拟化资源通常是未配置好的，所以用户需要自己控制底层，配置裸的基础设施，安装、管理和控制所需的软件，实现基础设施的使用逻辑。

比较典型的 IaaS 云服务是 Amazon 公司的弹性云计算（Elastic Compute Cloud，EC2），它提供了大量底层硬件资源的服务接口，用户可在几乎不受限的情况下对资源进行灵活的配置或按需进行动态增减。

1.3.2　PaaS

PaaS 服务提供商向用户提供的是一个配置完成且能够部署可执行代码的云计算环境开发平台，用户通过 Web 浏览器就可以访问这个云中的虚拟开发平台。另外，PaaS 服务提供商还会在用户需要的时候提供底层的基础设施、中间件和其他所需的 IT 资源。用户可以将自己开发的代码或应用程序部署到这个开发平台上，并利用该平台提供的计算、存储和网络等资源让它们运行。NIST 对 PaaS 的定义是："用户可利用云服务商支持的编程语言和工具来开发应用，并将开发出的应用部署到云中，只需要负责应用环境配置和应用部署，而不需要管理底层基础设施。"

PaaS 服务提供商为应用开发提供了 Web 应用软件开发生命周期（Software Development Life Cycle，SDLC）的全程支持。PaaS 可用于端到端软件开发、测试和部署，也可用于专用软件开发。PaaS 为用户提供了一个低成本的应用设计和发布途径，用户可以利用 PaaS 提供的云计算开发平台来进行软件的开发、测试和部署，避免了大量购置应用开发的相关资源的环节，并且可以轻松地将开发的应用发布或部署到云上。

PaaS 利用一个核心中间件平台来负责创建用于部署和执行应用程序的抽象环境，对硬件和操作系统进行了抽象，为用户提供了软件部署平台。用户不需要关注底层，只需要利用服务的 API（Application Programming Interface，应用程序编程接口）和库，专注于应用程序开发中的业务逻辑。PaaS 向开发者提供的服务包括虚拟开发环境、建立于开发者需求之上的可选应用标准、为虚拟开发环境配置的工具包、应用程序的维护和版本升级、系统间的集成、为公共应用程序开发者提供的现成发布渠道等。

具有代表性的 PaaS 云服务有 Google App Engine（GAE），它为 Python 语言和 Java 语言用户提供了一套方便可扩展应用程序开发的 API，用户只需通过 GAE 提供的接口上传并运行应用程序代码，无须关注服务器的运行状态。

1.3.3 SaaS

SaaS 服务提供商通过 Web 将应用程序和服务交付给用户,用户只需通过客户端或者浏览器等获得这些服务,而不需要关心应用的开发、部署、管理等技术问题。NIST 对 SaaS 的定义是:"为客户提供一种能力,使客户能够使用运行在云基础设施上的、由服务提供商所提供的应用程序。这些应用(如 Web 电子邮件)可以在各种客户端设备上通过一个客户端接口(如 Web 浏览器)被访问。用户无须管理和控制底层的云基础设施(例如网络、服务器、操作系统、存储)以及个别应用程序的性能,一些较为有限的、与用户相关的、应用程序配置设定除外。"

SaaS 服务提供商通常将应用部署到自己的服务器上,并且负责对应用软件的更新补丁管理进行控制,用户则通过 Web 浏览器等因特网设备来访问使用应用程序。一个完整的 SaaS 服务应该提供一个功能齐全的应用套件,在一个共享的基础设施上作为一个应用程序实例运行,为多个用户提供服务,并且这些用户的交互彼此独立。SaaS 模型让用户不必做任何软件的开发、安装、配置和维护,就可以使用云服务提供商提供的应用服务,在一定程度上减少用户在信息化设备上的投入。另外,SaaS 与传统的应用服务提供方式有着明显的不同。传统的软件通常采用预支付费用的方式进行购买和安装,即应用程序服务提供商通常是在用户购买软件并取得授权时,按照软件副本或许可证对用户进行一次性收费。而 SaaS 采用的是按实际使用付费的模式,即指某些通过 SaaS 模型交付给用户的软件是根据服务使用情况和使用持续时间来向用户收取费用的,用户通过运营费用模式(即按使用付费或按认购协议付费)来租赁软件的使用权。

SaaS 应用通常是面向因特网的,因此它有着很好的执行效率和响应时间,有助于应用升级和漏洞修复。另外,SaaS 服务提供商可以更方便地对软件进行控制,SaaS 模型可以限制非授权的软件副本复制和分发,支持在线软件升级和补丁管理控制。但由于 SaaS 采用多租户架构,即多个租户的信息是由系统统一进行管理的,一旦软件系统出现故障,租户的数据信息将可能被其他租户非法访问。除此之外,由于租户的数据是存储在云中的,SaaS 管理员可能会非法访问和修改租户的数据。

比较典型的 SaaS 服务是 Google 公司的 Google Doc,它是一款向用户提供文字处理服务的应用,用户无须部署,只需通过浏览器方式就可以调用该应用。

1.4 云计算关键技术

云计算由一些关键技术组件支撑,这些技术的不断完善和发展为实现云计算创造了有利的条件,云计算通过这些关键技术实现其主要特点和功能优势。云计算中的关键技术主要有虚拟化技术、多租户技术、并行计算技术、分布式存储技术、软件定义网络技术、Web 技术、网格计算、效用计算等,这些技术在云计算出现前就已经存在并且比较成熟了。下面简单地对其中几个技术进行介绍。

1.4.1　虚拟化技术

虚拟化是云计算的核心支撑技术,它指的是将硬件、软件、操作系统、存储和网络等底层实体资源抽象化,将物理 IT 资源转换为虚拟 IT 资源,并对资源进行统一管理调配的方法。

虚拟化通过抽象将一些计算机的基本构件转化为虚拟化对象,并利用成熟的管理模式构建虚拟化平台,用以实现空间扩展、数据移植、备份等功能。虚拟化对物理资源等底层架构进行抽象,使得底层硬件设备之间的差异和兼容性对上层应用透明。它隐藏了底层的具体实现方法,并为用户提供访问同一类型资源的统一访问方式,因此用户可以在无须理会底层具体实现的情况下方便地使用各种 IT 资源,云平台也可以方便地对底层的各种 IT 资源进行统一管理。虚拟化可以将一个物理 IT 资源(例如一台完整的物理主机)分割成多个独立分区,然后将每个分区按照需求模拟为一台完整的虚拟主机。虚拟化的实质是通过中间层次实现计算机的管理和再分配,从而实现资源利用的最大化,这样可以使得一个物理 IT 资源提供多个虚拟映像,在一个物理平台上同时运行多个虚拟 IT 资源,让多个用户在彼此独立、互不影响的前提下共享云平台的底层处理能力,从而有效地提高资源的利用率。

根据虚拟化对象的不同,虚拟化技术可分为不同的类型,例如服务器虚拟化、存储虚拟化、网络虚拟化、数据库虚拟化、应用软件虚拟化等。比较常见的虚拟化技术是服务器虚拟化,它也是 IaaS 的核心技术。服务器虚拟化将一台物理服务器资源抽象成若干独立的虚拟服务器,并将 CPU、内存、I/O 设备等物理资源转化为可以统一管理的逻辑资源,为抽象出来的每个虚拟服务器提供支持。运行在虚拟服务器上的客户操作系统和应用软件并不会感知到虚拟化的过程,在虚拟服务器上运行与在物理服务器上运行的效果基本上是一样的。服务器虚拟化是在少量物理服务器上建立大量的虚拟机,与建立大量物理服务器相比,它可以大大节省安装的费用和时间,利用率也有大幅提升。

总体而言,虚拟化将各种异构的硬件资源转换成灵活、统一的虚拟资源,为上层云平台提供相应支撑,在对云计算的发展起到了很大的推进作用。虚拟化可以根据不同的需求,将有限的固定资源进行重新规划、动态分配、灵活调度,以达到 IT 资源的最大利用率,从而大大节省成本。虚拟化对 IT 硬件进行仿真,将其标准化为基于软件的版本,消除了过去软硬件之间的相互依赖,解决了软硬件不兼容的问题,让虚拟 IT 资源的复制、扩展、迁移变得很容易实现。

1.4.2　多租户技术

多租户指的是一个单独的实例可以同时为多个组织或用户提供服务,即大量的租户能够共享同一个资源池中的软硬件资源,在逻辑上同时访问同一个实例,但每个租户都不会意识到还有别的租户正在使用该实例。多租户技术保证每个租户都能按需使用,都能对资源进行个性化配置,并且每个租户都会分配到一个与其他虚拟实例互不干扰的虚拟实例,而不会访问到不属于自己的数据和配置信息。

多租户技术通常用于云计算的应用层,它能够实现资源的高效利用。多租户应用架构比较复杂,它要支持多用户对包括入口、数据模式、中间件、数据库等各种构件的共享,并且还要保持安全等级来隔离不同租户的操作环境,因此在设计开发的时候需要考虑数据和配置信息的虚拟分区。多租户应用能根据现有租户数量的增长或使用需求的增长来扩展应用,其中的构件可以在不对租户造成负面影响的前提下进行同步升级,云服务提供商只要对构件进行一次升级,所有租户的环境就都会生效,因此多租户技术可以让云服务提供商的管理工作更加方便、高效。多租户技术让多个用户共用同一个 IT 资源,可以让IT 基础设施得到充分、有效的利用,减少了能耗。对云服务提供商来说,多租户可以有效地降低软硬件基础设施的投入成本;对云服务用户来说,IT 资源的使用费可以由多个租户一起分摊,从而降低了使用费用。

1.4.3　并行计算技术

海量数据处理是云计算技术的特点之一。海量数据是数据规模达到太字节(TB)或拍字节(PB)级的大规模数据。单台计算机很难在性能和可靠性上满足海量数据的处理要求,而并行计算技术突破了传统计算机单独作业的模式,让多个处理单元以及多个网络中的计算节点协同工作,从而解决了这个问题,是提高海量数据处理效率的常用方法。

并行计算的实现有两个层次:第一个层次是单个节点内部的多个核、多个 CPU 并行计算,多核、多 CPU 已经是主机的发展趋势,这种做法可以很有效地提高主机性能;第二个层次是集群内部节点间的并行计算。对于云计算而言,并行计算更强调的是集群节点间的并行,集群中的节点一般通过网络进行连接,在带宽足够的前提下,各节点并不受地域和空间的限制,因此在很多时候云计算中的并行计算又可称为分布式并行计算。分布式并行计算将计算任务分解成多个子任务,并将它们分配给主机集群中的多个主机节点,让多个节点上的子任务协调并行运行。在云计算环境下的分布式并行计算模型属于面向互联网数据密集型应用的并行编程模型,它支持高吞吐量的分布式批处理计算任务。该模型把海量数据分布到主机集群中的多个节点上,将计算并行化,让多台主机并行执行作业,利用多台主机的计算资源加快数据的处理速度。

目前比较普遍的云计算分布式并行计算模型是 Google 公司提出的 MapReduce,这是一个基于集群的高性能并行计算平台,通过映射(map)和归约(reduce)这两个步骤来并行处理大规模的数据集。MapReduce 在操作过程中,会先将海量数据分成若干个数据块;接着映射步骤会负责按照预定义的规则对每个分割的数据块进行处理,生成中间结果,并对中间结果进行归类;最后归约步骤负责对映射归类后的中间结果进行归并处理,生成最终结果。MapReduce 会对任务的执行状态进行检测,重新执行异常状态任务,因此程序员不需要考虑任务失败的问题。并行计算能够有效地提高云计算的计算处理速度,从而提高处理问题的效率。

1.4.4　分布式存储技术

云计算存储和处理的数据量和数据规模都非常大,因此它在可扩展性、容错性、成本控制等方面都面临着严峻的挑战。具体来说,云计算数据中心的节点规模通常是 10 万级的,其上存储的数据更是达到拍字节(PB)级别,数据中心的规模和存储的数据还会随着应用的拓展而快速增长,因此云环境下的存储要保证数据中心网络以及数据组织结构具备良好可扩展性,以满足应用扩展的需求。其次,云环境下庞大的数据规模提高了数据失效的概率,一旦数据失效,将会带来巨大的损失,因此需要提高物理拓扑结构和数据的容错性。另外,由于数据规模巨大,云环境的能耗开销也非常大,如何有效地降低能耗以降低成本是一个严峻的问题。分布式存储技术是云计算的基础,其研究重点是数据中心如何存储、组织和管理数据,能帮助云计算有效地解决上述问题。

下面以 GFS(Google 文件系统)为例介绍分布式存储技术具体是如何实现的。GFS是一个能提供海量数据存储服务的可扩展分布式文件系统,一般由一个主服务器和多个块服务器组成。在进行数据存储的时候,客户端首先将数据拆分成若干个规定大小的数据块,然后将这些数据块发往主服务器。主服务器收到数据块存储请求和数据块本身后,会确定数据块对应的块服务器,并通知客户端。客户端根据收到的指示将数据块存放到对应的数据服务器。为了确保数据的可靠性,分布式系统采用了数据容错技术。该技术是通过冗余存储的方式实现的,即每个数据块都在多台不同的数据服务器上存放着副本,这样能在发生故障的时候根据冗余副本恢复数据。较为常见的数据容错技术有两种,分别是基于复制的容错技术和基于纠删码的容错技术。

1.4.5 软件定义网络技术

软件定义网络(Software Defined Network,SDN)是网络虚拟化的一种实现方式。SDN 的出现使得网络虚拟化的实现更加灵活和高效,同时网络虚拟化也成为 SDN 应用中的重量级应用。其核心技术 OpenFlow 通过将网络设备控制面与数据面分离开来,实现了网络流量的灵活控制,使网络作为管道变得更加智能。

在传统 IT 架构的网络中,产品根据业务需求部署上线以后,当业务需求发生变动时,重新修改相应网络设备(路由器、交换机、防火墙)的配置是一件非常烦琐的事情。在互联网/移动互联网瞬息万变的业务环境下,网络的高稳定与高性能还不足以满足业务需求,灵活性和敏捷性反而更为关键。SDN 所做的就是将网络设备的控制权分离出来,由集中的控制器管理,SDN 屏蔽了来自底层网络设备的差异,无须依赖底层网络设备(路由器、交换机、防火墙),而控制权是完全开放的,用户可以自定义任何想实现的网络路由和传输规则策略,从而更加灵活和智能。

进行 SDN 改造后,网络中的设备本身是自动化连通的,因此无须对网络中每个节点的路由器进行反复配置,只需要在使用时定义简单的网络规则即可。

网络虚拟化可通过 SDN 实现。网络虚拟化平台包括物理网络管理、网络资源虚拟化和网络隔离 3 部分,这 3 部分内容往往是通过专门的中间层软件完成的。网络虚拟化平台需要完成物理网络的管理和抽象虚拟化,并分别提供给不同的租户。此外,虚拟化平台还应该实现不同租户之间的相互隔离,保证不同租户互不影响。虚拟化平台的存在使得租户无法感知到网络虚拟化的存在,即虚拟化平台可实现用户透明的网络虚拟化。

1.5　云计算的特点

云计算的主要特点如图 1-3 所示,这些特点都体现了云计算的核心竞争力,同时为云服务提供商和云服务使用者带来利益。下面逐一介绍云计算的这几个主要特点。

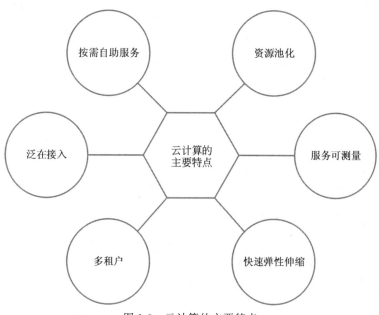

图 1-3　云计算的主要特点

1.5.1　按需自助服务

按需自助服务指的是在不需要与云服务提供商进行联络,或者是仅进行少量交互的情况下,用户可以根据自己的需求使用云计算资源,完成对云服务的使用和操作。

云计算的按需服务不仅可以提供基础设施服务,例如 Microsoft 公司的 Windows Azure 服务平台和 Google 公司的 App Engine 服务,其分布式数据存储与处理平台还能为海量数据的存储和处理提供可水平扩展的基础服务。按需自助服务中的"按需",是指用户能根据自己的实际情况,根据自己的需求对云计算资源进行动态的申请和释放,而不再需要购买 IT 基础设施来自建数据中心,这样可以将基础设施的建设和维护资金转化为按需支付的服务费用。用户无须再承担对基础设施的建设和维护费用,只需在有需要的时候向云服务提供商申请 IT 资源,并根据自己对资源的实际使用情况付费即可。"按需"也表明用户能根据自己的实际需求对云计算的使用情况进行规划,即用户可以自己决定所需计算和存储资源的多少以及云服务和资源如何部署和管理。"自助"是指云计算服务能自动化提供,用户不需要与云服务提供商进行额外的人力方面的交互即可使用基于云的服务。这样,对用户来说,可以节省对云服务的使用和操作时间;对于云服务提供商来说,则可以减少运营成本。

在云计算中,云用户根据他们的实际需求向云服务商提出个性化需求,希望能得到满足要求的云服务;而云服务提供商就需要根据云端的可用资源和用户的个性化需求,尽量高效地满足尽可能多的用户需求,实现云平台的高效利用。为了给用户提供即时的按需服务,云平台要考虑两个问题:如何支持用户对需求进行更准确而方便的描述,以更好地根据用户需求快速地提供云服务;如何实现对资源池中可用资源的状态、用户的情景等信息进行感知,从而提供满足需求的云服务。为了解决上述两个问题,云计算中的按需服务采用了资源的分布式管理与状态监测技术、情景感知的按需建模技术、按需自主服务组合技术等关键技术,以实现为用户提供即时按需自助服务。

1.5.2 泛在接入

泛在接入指的是一个云服务能被广泛访问的能力,用户可以通过网络使用 PC、智能手机、平板电脑等不同的设备访问云服务。云服务可以通过网络提供服务,用户的所有业务和应用都在云服务提供商的数据中心进行处理,用户只需利用设备通过网络去访问云服务,无须购买各种基础设施或在自己的环境中安装维护数据库、操作系统、Web 服务器等复杂环境,即可获得所需的资源。云计算的泛在接入特性大大降低了对用户终端设备性能的要求,用户只需要用手机或平板电脑就能通过互联网获取相应的云服务,云计算的使用门槛大大降低。泛在接入使得用户不管在什么地方,都可以通过网络访问云服务,从而实现办公地点的无缝切换。为了实现泛在接入,云服务往往需要制定一套标准协议和标准格式,需要支持传输协议、接口、设备和安全技术等。

1.5.3 多租户

多租户是指一个 IT 资源的实例可以同时透明地为多个组织或用户提供服务的能力,即大量的租户能够共享同一个资源池中的软硬件资源,在逻辑上访问同一个实例。各租户之间彼此隔离、互不干扰,谁也不会访问到不属于自己的数据和配置信息,每个租户都不会意识到还有别的租户在使用该资源。多租户技术保证每个租户都能按需使用,且每个租户申请的资源都是该 IT 资源的一个专有实例,每个租户对其定制的 IT 资源都有自己的视图,可以对资源进行个性化配置,不仅可独立控制用户或群组的访问权限,还可以扩展应用的数据模式。

多租户技术通常用于云计算的应用层,多租户带来的资源高度共享模式能够有效地提高资源利用率,降低单位资源的成本。相对于单租户应用,多租户应用的架构比较复杂,它需要支持多个租户对入口、中间件、数据库等各种构件的共享,还要隔离不同租户的操作环境,在设计开发的时候要考虑到数据和配置信息的虚拟分区。虽然租户间共享的资源越多,基础资源的利用率就越高,单位资源成本也就越低,但与此同时租户间的隔离性也越差,因此多租户技术还要考虑如何克服隔离性下降给租户带来的不便。

多租户技术通过对物理资源进行组织和分配,让多个租户彼此隔离地享用相同的 IT 资源,可以有效地提高资源利用率,节能环保。通过多租户技术,云服务供应商可以降低对 IT 基础设施的资金投入,降低了成本;云服务用户则可以和其他用户一起分摊资源的使用费用,从而降低了服务的使用成本。

1.5.4　快速弹性伸缩

弹性伸缩是指对一个系统适应负载变化进行调控的能力。云计算的快速弹性伸缩控制能力是指云能够根据运行时的条件、用户的业务需求和提前制定的伸缩策略,快速地对 IT 资源进行自动、透明的扩展或缩减。

在云计算未出现前,企业内部的物理基础设施在使用的过程中可能会遇到如下的问题:无法应对突发性的高流量、高密度业务要求,短时间内难以满足迅速获取所需资源的需求;另外,在业务高峰期过后出现资源闲置的状况,导致 IT 资源使用率低下。云计算的出现可以很好地解决这些问题,云计算的快速弹性伸缩能力可以实现对物理或虚拟 IT 资源进行快速和灵活的调整,能随着系统的负载变化进行动态调整,快速地对 IT 资源进行增减。弹性伸缩适合需求不停波动的应用程序,视频网站就是弹性伸缩特性比较常见的应用场景。当网站的访问量突然增加时,弹性伸缩服务可快速地根据请求量增加应用服务器的数量。

弹性伸缩能根据业务负载情况自动对资源进行迅速而灵活的调整,因此能够有效提高资源的利用率。同时,弹性伸缩让云用户可以在任意时间购置任意数量的资源,这样可以在业务需求激增时,避免出现短时间内资源需求得不到满足、客户业务系统出现异常的情况。同样,弹性伸缩能够在业务需求下降时自动地对资源进行削减,因此可以避免高峰期过后资源闲置带来的浪费。另外,弹性伸缩功能可以自动对资源进行动态调整,不需要人工干预,这样可以免去人工部署的负担,省去复杂、烦琐的手动操作。

1.5.5　服务可测量

所谓服务可测量,指的是云平台能对用户的云服务使用情况进行监控、控制、报告和计费,监控内容包括存储能力、计算能力、带宽等的实际使用情况。NIST 对服务可测量的定义是:通过利用在某种抽象层次上适用于服务类型(例如存储、处理、宽带以及激活用户数量)的计量能力,云系统可以实现资源使用的自动控制和优化。云可以对资源的使用情况进行监控、控制和报告,让服务的提供者和使用者都了解服务使用的相关情况。

服务可测量起源于效用计算。效用计算定义了一种计算服务的提供模式,它将计算当作水、电、天然气一样的公共基础设施。效用计算将存储、计算能力、基础设施等封装成服务,用户则根据自己对资源的实际使用情况付费。在云计算中,效用计算得到充分体现,云平台能自动根据用户需要动态地进行云计算资源分配和监控,并记录每个云用户对于 IT 资源的使用情况,云服务提供商根据记录的用户实际使用情况对用户进行收费。服务可测量能对云服务的实际使用情况进行记录证实,用户可以按需动态申请云资源,并只对实际使用的云计算资源进行付费,将过去投入到基础设施建设维护的资金转化为按需使用所支付的费用,节省了很多资金,也有效提高了 IT 资源的利用率。

1.5.6　资源池化

资源池化是指首先利用虚拟化的方式将服务器、存储、网络等IT资源放到一起,形成一个大规模的、灵活动态的资源池,接着云计算会根据云用户的需求,利用多租户技术、分布式的算法对资源池中的物理和虚拟IT资源进行动态分配,从而消除物理边界,提升资源的利用率。

在传统的架构中,每一个平台和系统都要部署一套硬件资源,并且为了应对少量的峰值负载还会经常过度配置资源。在这种架构下,往往设备众多,能耗大,资源的利用率很低。据统计,在传统的数据中心里,IT资源的平均利用率不到20%。资源池化的出现很好地解决了这些问题,云计算正是通过构建合理的资源池来实现资源的按需动态分配。

资源池化将大量的IT资源集中起来,整合成一个资源池,虚拟化和物理服务器会对资源进行统一管理,提供基于资源池的统一编排调度,并能够根据云用户的需求快速地进行资源的动态分配,为用户提供高弹性的计算资源、存储资源以及计算能力。资源池化使得云计算具备资源共享、资源按需分配和弹性扩展的特点,有效地提高了资源利用率,降低了运营成本,提高了管理效率。可见,资源池越大,可供共享的资源就越多,整体资源的利用率就越高,运维人员对资源的管理效率也越高,因此在设计资源池的时候可以根据实际情况适当将小池合并为大池。

资源池是与位置无关的,资源池中的IT资源可以物理上分布在多个位置,当计算需要时,这些资源会作为虚拟组件进行有效的分配。另外,资源池化对不同的设备资源进行整合管理,上层的业务是无法感知下层物理设备的更换、升级以及虚拟平台的切换的,同样,下层硬件设备的更换和升级也不会影响上层的用户和业务。

1.6　本章小结

作为新型的计算模式,云计算突破了传统的IT商业模式和应用模式,在技术和商业模式上有了极大的突破和创新,它的出现使得提供计算能力的模式发生了巨大变化,同时也为人们提供了更加廉价、使用起来更加方便的计算资源。

本章首先介绍了云计算的出现和发展历程,接着根据部署方式的不同将云计算分成公有云、私有云、混合云3种类型,并分别进行了介绍。随后,介绍了云计算的3种交付模型:IaaS、PaaS、SaaS,还介绍了虚拟化技术、多租户技术、并行计算技术等多个云计算使用到的关键技术。最后总结归纳了云计算的多个特点,包括按需自助服务、泛在接入、多租户、快速弹性收缩等,并分别进行了介绍。

通过本章的学习,读者可以对云计算有整体的认识,大致了解云计算的种类、关键技术、主要特征等,这些内容都为后面学习云计算所面临的安全问题做好了铺垫。

1.7 思考题

（1）公有云、私有云以及混合云各自有什么特点？它们之间有什么区别？

（2）云计算有哪几种交付模型？每一种交付模型的特点是什么？

（3）云存储、云安全和云游戏分别属于哪种交付模型？

（4）简述云计算所涉及的多租户技术和虚拟化技术。

（5）云计算有哪些特点？

第 2 章
云计算安全问题与安全体系

2.1 云计算安全问题

2.1.1 云计算安全事件

近年来,云计算以其成本低廉、资源有弹性、维护方便等优点受到人们的青睐,世界各国政府都在加快对云计算的战略部署。但是,作为一种新的计算模式,云计算具有虚拟化、服务化等独特的属性,传统的安全防护措施已经不能有效地保证数据的完整性、可用性和保密性,云计算在主机、网络和应用程序等各个层面都面临着严峻的安全挑战,各种各样的云计算安全事件频发,包括 Google、Amazon、Microsoft 等国际 IT 巨头也未能幸免。下面是近年来发生的一些重大云计算安全事件。

1. Amazon 公司宕机事件

2011 年 4 月 21 日凌晨,云服务提供商 Amazon 公司在美国北弗吉尼亚州的云计算中心宕机,导致包括问答服务 Quora、新闻服务 Reddit、社交平台 Hootsuite 和手机地理位置社交网络服务 FourSquare 等在内的数千家企业客户受到了影响。这些商家将网站由 Amazon 公司的 EC2 服务托管,并通过各地的云计算中心提供服务。这次事件中 Amazon 公司的云服务中断了将近 4 天,可以说是 Amazon 公司运营历史上爆发的最大一起宕机事件。经过紧急抢修,Amazon 公司云服务最终恢复了正常。

发生宕机事件的北弗吉尼亚州云计算中心是 Amazon 公司经营的云计算中心之一。按照常规,云计算系统在设计之初就应该考虑以下问题:即使某个云计算中心出现了宕机现象,系统也能将该中心的工作转移到其他的云计算中心,而不会因某个中心的宕机使其他云计算中心受到影响,甚至发生运行中断,从而影响使用云计算服务的用户。但在这次宕机事件中,Amazon 公司的云计算中心并没有绕过发生故障的北弗吉尼亚州云计算中心,自动将其工作转移到其他云计算中心,从而严重影响了用户对于 Amazon 公司云服务的正常使用,导致大量依赖 Amazon 公司云服务的企业遭受了不小的损失,造成了极其恶劣的影响。经过调查,造成这次事故的主要原因是工程师在修改网络设置、进行主网络升级扩容的过程中,不慎将主网络中的全部数据切换到了备份网络上,由于备份网络的带宽较小,无法承载所有数据而造成了网络堵塞,所有 EBS(Elastic Block Store,弹性块存储)节点通信中断,存储数据的 MySQL 数据库宕机。

此次发生宕机事故的系统正是 Amazon 公司引以为傲的弹性云 EC2,这使得原本就对云计算处于观望状态的用户信心动摇,也给 Amazon 公司的云安全敲响了警钟。同年 4 月 30 日,Amazon 公司为此次宕机事件向用户发表了 5000 多字的道歉信,声称 Amazon 公司已经调查清楚漏洞和设计缺陷所在,希望通过修复漏洞和缺陷来改善用户的体验,重建用户信心,提高弹性云 EC2 的市场竞争力。此次事故发生后,Amazon 公司采取了一系列措施来完善服务质量,希望避免类似事故再次发生,这些措施包括重新审计网络设置修改流程、加强自动化运维手段、完善灾备架构以及扩大资源的部署和供应等。

从此次 Amazon 公司宕机事故可以看到,由于云计算系统非常复杂,且用户众多,所以即使是很小的配置错误,也可能对云服务产生很大的影响,并且受影响的用户数量会很大,区域会很广。因此,对于云环境下的信息系统变更,应该制定完善的安全策略和流程,特别要管理好那些对组织业务至关重要、对用户影响显著的应用的变更。

2. Google 公司 Gmail 事件

Gmail 是 Google 公司在 2004 年愚人节推出的一项免费电子邮件服务。由于 Gmail 邮箱容量大且易于使用,因此受到了广大用户的喜爱。但是自从 Gmail 这项服务被推出以来,各种安全问题时常发生,给用户带来了很多损失。

2009 年 2 月 24 日,Google 公司的电子邮件服务在全球范围内中断了 4 小时。Google 公司对此次事故原因的解释是:在位于欧洲的数据中心例行维护时,新发布的程序代码(能将地理位置相近的数据推送至相关的用户终端)产生了副作用,致使欧洲另一个数据中心过载,引发了连锁效应,使得故障扩展至其他数据中心的接口,最终导致全球性的断线,使其他所有数据中心都不能正常工作。这次事件发生后,Google 公司宣布其会向企业、政府机构和其他 Google Apps Premier 版的付费用户提供 15 天的免费服务。另外,它还会补偿用户因服务中断而造成的经济损失,单项服务估值为 2.05 美元。2011 年 3 月,Google 公司的电子邮箱再次爆发大规模的用户数据泄露事件,大约有 15 万个 Gmail 用户在周日早上发现自己的所有邮件和聊天记录被删除,有的用户发现自己的账户被重置。事后 Google 公司表示此次事故中受影响的用户数量约为总用户的 0.08%。

3. iCloud 数据泄露事件

2014 年 9 月,有攻击者攻击了苹果 iCloud 云存储服务账户,导致 100 多位美国好莱坞明星的私密照片和视频泄露。随后苹果公司对此次数据泄露发布了声明,声称此次事件是攻击者对特定账户进行的攻击,造成数据泄露的原因不是攻击者利用此前备受怀疑的 iCloud 服务漏洞对账户进行攻击,而是一些明星的账户在用户名、密码、安全问题等设置上存在着重大安全隐患,例如部分受害者设置的密码太简单。另外,苹果公司在调查中还发现,此次事件中泄露的照片的拍摄设备并不都是 iPhone,还可能来自 Android 手机和数码相机,而这些照片也并不都来自 iCloud,还可能来自 Google Drive 等云服务应用,或是某些 App 的聊天记录。

此次数据泄露事件并没有发生在云服务器端,而是攻击者有针对性地对用户进行攻击而得到了用户的账户密码,或者获得用户密码保护问题的详细资料,然后冒充用户的身份登录,从而窃取云端的数据,其实质是身份欺骗。用户受到攻击的原因是他们在账户安全设置上过于随意,另外,也是因为云端只通过用户密码的方式来认证用户的身份,其认证强度不够而导致用户信息被窃取。

4. Microsoft 公司 Azure 事件

2014 年 11 月 19 日,Microsoft 公司的 Azure 出现了大面积服务中断现象,但是 Azure 服务健康仪表控制板却显示一切应用正常运行。这次事故影响范围很大,波及美国、欧洲以及部分亚洲国家,导致 Azure Storage、Azure Search、SQL Import/Export、应用网站等大量应用无法正常使用。此次故障长达 11 小时,经调查发现,导致服务中断的原因是 Azure 存储组件为了降低 CPU 占用率、提高性能而进行了更新,但在更新过程中发生了错误,导致 Blob 前端进入无限循环的状态,从而造成了流量故障。技术维护团队发现这个问题后,立刻恢复了之前的配置,但由于 Blob 前端已经进入了死循环模式,配置无法更新,因此技术人员只能采取系统重启模式,但这使得系统在恢复过程中耗费了很长时间。此次事故发生后,微软 Azure 团队也针对此次故障中出现的问题采取了一系列改进措施来避免类似事件再次发生,其中包括以下措施:改变灾备恢复方法,使系统的恢复时间最小化;修复 Blob 前端关于 CPU 无限循环的漏洞;改进 Azure 服务健康仪表控制板基础设施和相关协议,提高检测准确率。

2.1.2　云计算的滥用

除了云计算自身存在的漏洞和缺陷可能引发安全问题外,对云计算的滥用也同样会带来各种严重的安全问题。通过前面的章节可以看到,云计算具有很多传统计算模式所不具备的优势,包括云计算独特的易用性和可恢复性、海量的数据存储、资源的快速部署、可伸缩性、强大的计算能力等。云计算的这些显著优势可以让用户在不用花费巨额资金的情况下使用强大的计算力和几乎无限的存储空间。与此同时,云计算的这些优势,尤其是云计算超强的计算能力,也很可能会被犯罪分子利用来实施犯罪活动,从而引发严重的云安全问题,因此云计算滥用可以说是一类边缘化的云计算安全事件。举个例子,Amazon 的弹性云 EC2 通过前所未有的简单方式为用户提供强大的计算能力,目前已经有攻击者利用 EC2 暴力破解用户信用卡的账户密码,还有攻击者将 EC2 作为攻击的跳板。

从目前发生的安全问题来看,云计算滥用大致包括利用云计算进行暴力破解、将云计算作为网络犯罪平台、通过云计算进行间谍活动这 3 种,下面分别对这 3 种情况进行介绍。

1. 利用云计算进行暴力破解

云计算的一个显著特点就是它的计算能力很强大,而且云计算简单易用、价格低廉,因此任何人都只需要用很低的成本就能够轻易地获取以往只有超级计算机才具备的超强计算能力。从另一个角度来看,云计算的这种特性极易被攻击者利用,从而实施威力很强的犯罪行为。

2011 年 11 月 15 日,Amazon 公司和 nVIDIA 公司联合推出了新的 EC2 集群 GPU 实例,里面的每个实例都有两个 nVIDIA TeslaFermiM2050 GPU 加速,在暴力破解

SHA-1 等加密算法方面,GPU 的速度甚至比四核 CPU 还快数倍,因此这种新推出的 EC2 GPU 实例的计算能力非常强大,甚至超越此前的超级计算机。有一名德国的安全人员利用租用的集群 GPU 实例成功破解了 SHA-1 散列算法生成的单项哈希值。他在租用的计算资源上安装了基于 nVIDIA 公司的运算平台 CUDA 的哈希破解程序,仅用 49min 就破解了文件中的所有哈希值,并且破解的成本还很低,平均破解一个 SHA-1 哈希值只需要 2 美元。他还宣布,使用 Amazon 公司的 EC2 云服务,可以在 20min 之内破解 WPA-PSK 加密的无线网络,如果对程序进行改进,破解的时间甚至可以下降到 6min,按每分钟 28 美分的使用费计算,6min 破解 WPA-PSK 仅需要 1.68 美元。

由此可见,云计算很容易被攻击者利用,作为一种非常廉价且威力很强的暴力破解工具。对此,一些云服务对为单独一名用户提供的云计算服务的计算能力进行了限制,但攻击者还是有办法轻易绕过这些限制去获取更大的计算能力。例如,有的攻击者窃取多个信用卡账号,并利用这些账号同时登录云计算服务,让多个云计算服务同时进行计算。

2. 将云计算作为网络犯罪平台

除了会被攻击者用作强大而廉价的暴力破解工具之外,云计算还会被用作网络犯罪的平台。通过前面的章节可以知道,云计算的用户体量很庞大,云服务商往往代管了大量企业团体用户的服务,所以一旦攻击者入侵了任意一个防范薄弱的服务,并进入云内部发起攻击,将会使大量用户的安全受到威胁,引发十分严重的后果。

2011 年 5 月,索尼在线娱乐公司就爆发了一次大规模的数据泄露事件,攻击者利用虚假的信息在 Amazon EC2 云服务租用了服务器,并利用 Amazon 这家合法公司来伪造虚假信息,用于与索尼在线娱乐公司签订服务协议,然后用这些租用的服务器对索尼在线娱乐公司的系统发动攻击,致使一亿多名索尼公司用户的个人账户被盗,受害用户规模庞大。在这起严重的安全事件中,攻击者并没有攻击 Amazon 公司的云服务器,而是利用 Amazon 公司的服务器来发起攻击。事实上,这种使用租赁或劫持的服务器进行恶意攻击的手段是攻击者经常使用的,攻击者经常把云作为攻击基地,因为利用云发动攻击不容易被追踪,云服务供应商很难侦测其云端服务器内部的违法行为。

另外,云计算还很容易被用来当作攻击的跳板,例如,攻击者会利用云服务来控制僵尸网络病毒,通过云执行其命令和控制功能。CA Technologies 公司网络安全业务团队的研究工程师表示,他们的团队发现有攻击者利用 AWS EC2 云服务来控制变种的 Zeus bot(Zbot)僵尸网络病毒,攻击者首先将用来构造僵尸网络的 Zbot 变种病毒植入一些合法网站,再用电子邮件传送可以跳转到这些合法网站的链接,一旦用户打开链接,就会自动下载 Zbot 病毒。这些病毒会与攻击者用于控制僵尸网络的云服务器进行通信,攻击者因此可以利用云服务来操控整个僵尸网络。

3. 通过云计算进行间谍活动

云计算对于海量数据的监管能力是有限的,因此一些情报人员就利用云计算的这个缺陷,借助云计算基础服务进行隐蔽通信,或运用技术手段在 Ghost 虚拟机上部署间谍程序。所谓 Ghost 虚拟机,是指那些被服务商认为已经销毁而不再进行管理,但实际仍然处于活动状态的虚拟机。曾有美国国家安全局(National Security Agency,NSA)的官员在接受专访时表示,NSA 已经开始使用云计算进行现代化的间谍信息活动。情报人员往往利用合法用户的渠道,堂而皇之地将云中的文件进行加密存储,并将其共享给任何一个可以连接到云服务的同伴,用这种方式可以让传递的信息不被发现。美国这种利用云计算为间谍活动提供强大计算和存储能力的思路很有可能会被恐怖分子利用,一旦云计算被恐怖分子用来传递情报,为恐怖活动提供支持,那么后果将不堪设想。

2.1.3　云计算安全问题总结反思

从本章前面的内容可以看到,自从云计算问世以来,各种各样的云安全事件就层出不穷,宕机事件、数据丢失或泄露、云服务商故障等频频发生,攻击者对云计算资源的滥用也越来越频繁。这一系列的云安全问题让用户对云计算充满了质疑和担忧,云计算的安全问题,尤其是公有云的安全问题,成为困扰云服务商、云用户和政府部门的重大难题,也成为阻碍云计算进一步发展的最大障碍,云计算在全球范围内的进一步推广阻力重重。

尽管目前云计算的发展尚未成熟,仍然存在诸多不确定因素,但它作为一种具有革命性和创新性的新型计算模式,具备简单易用、数据处理能力强大、海量数据存储、高可扩展性、价格低廉等独特优势,能够为用户提供更加高效和低成本的服务,因此相较于传统的复杂而昂贵的数据中心,很多企业还是更愿意采用云计算这种新的 IT 技术来加快企业自身的发展。当然,在云计算尚未成熟的背景下,企业在使用云计算的过程中难免会遇到各种安全问题,企业自身也需要承担一定的安全风险。因此,企业也应该制定相应的措施来应对各种安全风险,例如,只把非关键的数据交由云服务提供商托管,同时使用多家云服务提供商提供的服务以保证业务的连续稳定,等等。考虑到云安全问题的普遍性,现在企业和政府在公有云和混合云的选择上更加小心谨慎,他们更倾向于投入更多的资金成本来搭建安全性和可靠性更高的私有云。

云计算在本质上是信息系统的延伸和发展,而所有基于互联网的信息服务系统都一定存在着自己的安全问题和安全风险,云计算在继承信息系统优势的同时也不可避免地会引入一些缺陷。云计算作为一种具有革命性的新型计算模式,与传统的计算模式相比,具有计算力超强、服务化、资源虚拟化等特有属性,因此,除了传统 IT 基础设施所面临的风险和威胁外,云计算还会面临自身特有的新的安全威胁。

传统的 IT 系统是封闭的,对外暴露的只有网站、邮件服务器等少数接口,因此只需要在重要的节点上设置防火墙等安全设备,在物理上和逻辑上划分好安全域,定义好安全边界,就可以比较有效地保护系统的安全。但在云环境下,云是暴露在公开的网络中的,任何一个节点都可能受到攻击,再加上云环境采用多租户和虚拟化技术,打破了传统物理边界,所以传统基于安全边界的措施已经不能有效地保护云环境的安全了。

另外,与传统 IT 系统数据存储在本地或内网不同,云计算中的数据保存在云中,数据的存储和安全完全由云服务提供商负责,这种直接将数据交由第三方管理的方式存在着很大的安全风险。还有,云计算以服务的形式为用户提供计算资源,服务的可用性和保密性都直接影响着云计算的安全,整个服务的生命周期都需要进行安全保障。此外,传统 IT 业务一般规模较小,只需要保护小规模的软硬件和数据安全;相比之下,云的业务规模要大得多,云安全需要保护分布式数据中心的服务器以及各服务器之上的软硬件和相关业务,不仅要保障基础设施的安全,还需要保障云端应用的安全,因此云安全的防护措施要复杂很多。

云计算的安全防护有两点基本要求:首先是数据本身需要加密存储,其次是云服务提供商需要和云服务的安全防护提供商分离。目前传统的安全防护措施已经不能有效地保护云计算的安全,云服务提供商需要对传统安全措施进行扩充和优化,或采用全新的安全措施,不断完善云服务质量,增强服务的可靠性和稳定性,使得云服务整体的安全性有所提升。通过归纳以往发生的云安全事件可以发现,引发云安全事故的原因主要涉及资源的配置管理、访问控制、云安全漏洞、物理安全防护等多个方面,云服务提供商需要着力关注以下几个安全问题:

(1) 云计算服务平台自身的安全(包括物理环境的安全、网络与主机的安全)以及服务的连续性等。

(2) 云计算用户数据和应用的安全性和保密性,包括用户数据的安全存储与隔离、保护传输中信息的完整性和保密性等。

(3) 云计算用户的身份认证和授权管理,包括用户的接入认证、访问策略的制定等。

(4) 云计算资源的滥用。

2.2　云计算面临的安全威胁

2.2.1　基本的云计算安全威胁

作为一种新型的计算模式,云计算有传统计算模式所不具备的高灵活性、大规模、分布式、海量存储等特性,它在给用户带来方便、高效、优质的服务的同时,也引入了许多新的安全威胁。此外,云计算自身具有复杂的架构,涉及众多的技术,并且云计算环境中的信任边界具有不确定性,因此云计算在安全方面仍然存在很多问题。

常见的云计算安全威胁主要包括基础设施层面的安全威胁、数据层面的安全威胁、应用层面的安全威胁以及管理层面的安全威胁。下面就对这几个安全威胁逐一进行介绍。

1. 基础设施层面的安全威胁

云计算基础设施是支撑云计算服务的软硬件体系,它包括物理基础设施和虚拟基础设施。虚拟基础设施是在物理基础设施的基础上利用虚拟化技术构建的,包括 CPU、存储、网络、操作系统等软硬件资源。云计算基础设施是云计算模式的基础支撑,各种云服务和云应用都要建立在云计算基础设施上,因此要保障云计算环境的安全,必须首先确保云计算基础设施的安全和可信。

云计算基础设施采用分层架构,分为以下 4 层:最底层是 CPU、内存、网络设备等硬件设施;上一层包含虚拟化管理软件,如虚拟机管理器(Hypervisor)等,是虚拟化的基础;再上一层是虚拟资源,包括虚拟网络、虚拟计算能力、虚拟化操作系统等;再上一层是与云相关的管理软件,包括云管理器组件、云安全管理组件、计费管理组件等,用以确保云计算环境安全和规范。

与传统基础设施相比,新技术和新服务模式的引入使云计算基础设施具有许多新特征,这些特征在提高云计算性能的同时,也引入了许多新问题,这使得云计算基础设施不仅要面临传统网络安全威胁,如网络攻击、数据泄露等,还要面临许多新的安全威胁。

目前,虚拟化技术已经被引入到大多数云环境中,尽管虚拟化有助于增强云计算基础设施提供多租户云服务的能力,帮助云计算实现资源共享,提高基础设施资源利用率等,但它也带来了许多新的安全威胁,例如虚拟机跳跃和虚拟机逃逸这两种典型的针对Hypervisor 的攻击。其中,虚拟机跳跃是指借助与目标虚拟机共享相同物理硬件的其他虚拟服务器来攻击目标虚拟机;虚拟机逃逸是指利用宿主机或 Hypervisor 的漏洞获取其控制权限,进而攻击虚拟化平台上的其他宿主机或虚拟机。此外,拒绝服务攻击是攻击者攻击云计算基础设施的主要类型之一,一些恶意用户利用系统的漏洞,通过向服务器发送大量毫无意义的服务请求以消耗服务器大量的计算能力,从而导致服务器拒绝正常的服务器请求。在云计算环境下,用户的数据和应用存储在云数据中心,拒绝服务攻击使得用户无法正常访问这些资源,这会严重影响企业业务的正常运作。一些非恶意的行为也可能导致严重后果,例如云基础设施的配置错误、云基础设施资源分配算法不合理等。

2. 数据层面的安全威胁

在云计算模式下,用户将所有数据存放在云端,云服务提供商全权负责数据的存储和安全管理。在这种模式下,用户将企业的重要数据和应用完全交由第三方负责管理。云服务提供商能否确保其内部的安全管理、职责划分和审计追踪,能否保证海量数据存储的安全,能否避免多用户共存引起的潜在数据风险,能否保证数据在传输过程中不被窃取和篡改,等等,都直接影响着用户数据的安全。这些数据可能包含用户的个人隐私、企业的敏感信息和政府的机密数据等重要信息,一旦被云服务提供商窥探或泄露,或是在使用云服务期间被攻击者攻击,必然会导致严重的安全问题,危及用户的个人隐私、商业机密以及国家安全。因此,数据安全是云计算中需要重点考虑和关注的一个安全问题。

云计算具有多租户、动态性、无边界以及流动性等特点,这些特点使得云计算环境下的数据存在着许多不确定性,数据在存储、传输和使用的过程中都面临着一定的安全威胁,其中数据泄露和数据丢失较为突出,用户数据的隐私保护面临着巨大的安全风险。

与传统系统相比,云计算在数据方面最大的特点就是将数据交由第三方直接管理,云服务提供商负责数据管理与维护,掌握了数据的控制权,因此云服务提供商的内部员工可以利用自己对系统的操作权限或一些已知的内部漏洞来窥探存储在云端的数据,检查用户记录以获取用户的隐私信息,篡改数据库信息,窃取和利用用户信息,等等,这致使用户数据面临极大的泄露风险。

云计算中采用了共享技术,在提高资源利用率的同时,也带来了一定的安全威胁。如果不能有效隔离不同用户的数据,或用户的访问权限无法得到有效控制,那么一些恶意攻击者就会越过隔离机制,非法访问不属于自己的数据,从而导致用户数据泄露。

数据的传输和操作不当也会带来一定的安全威胁,用户与云服务提供商之间的数据交互将增加数据丢失的风险。首先,云计算中的数据是通过网络传输的,而网络往往存在着很多安全漏洞,因此攻击者可能会在数据传输的过程中利用网络安全漏洞入侵网络,截获大量的传输数据,甚至对截获的数据进行篡改或删除,这些都严重破坏了用户数据的机密性、完整性和真实性。其次,在数据传输的过程中,硬件设备的损毁、电磁波的干扰等也会导致数据泄露,破坏数据的机密性。最后,在对数据的操作过程中,例如数据查询或输入输出时,由于疏忽大意等原因而对数据采取了不当的操作,导致数据在没有预先进行备份的情况下被删除或清空等,都会造成云计算数据丢失,影响数据的安全。

3. 应用层面的安全威胁

在云计算体系中,云服务提供商以服务的形式向用户提供计算、存储、网络和其他资源,由于云计算环境完全暴露在公开的网络中,而网络中总是不断涌现各种病毒、木马等恶意代码,因此云服务在云计算环境中运行时会时刻面临多种安全威胁,这些安全威胁涉及服务安全、Web 安全、身份认证、访问控制等多个方面。此外,虽然云服务提供商对外提供服务,但它自身也可能购买其他云服务提供商提供的服务,因此,用户在使用云服务的时候可能会间接涉及多个云服务提供商,多层转包让云计算环境更加复杂,同时也带来了更多的安全威胁。

为了使用户能够正常地与云平台交互,云计算服务通常会提供一组控制着大量虚拟机的应用程序编程接口,甚至云服务提供商会使用一些接口来控制整个云系统。而一旦这些接口存在安全漏洞并被攻击者利用来发动攻击,则会引发灾难性的后果。

目前,大部分云计算服务提供的 API 都存在安全风险,远程访问机制以及 Web 浏览器的使用催生了新的安全威胁,给接口带来了新的安全漏洞。攻击者往往会利用这些漏洞发起跨站脚本攻击或者跨站请求伪造等。

比较常见的安全漏洞是跨站脚本漏洞,如果 Web 应用程序直接将用户的执行请求送回浏览器而不对其进行加密,那么攻击者可以在获取用户的 Cookie 或 Session 信息后,直接伪造用户的身份登录系统并非法获取信息。命令注入漏洞也比较常见,攻击者会利用程序设计的缺陷,在提交给服务端的请求数据中插入恶意的命令行指令,从而使得恶意代码能够被执行。另外,SQL 注入漏洞也是很常见的安全漏洞,攻击者会将 SQL 命令插入 Web 表单提交或页面请求的查询字符串中,从而欺骗服务器执行恶意的 SQL 命令。此外,Web 应用程序引入恶意文件并执行,Web 应用程序本身的文件操作功能被攻击者利用来获取系统资料,等等,都是不安全的接口所面临的安全威胁。

身份认证和访问控制是任何信息系统为了维持系统安全都必需的基本功能,它们通过识别用户身份来确定用户对系统资源的访问能力及范围,防止云端数据被非法访问和非法使用,降低安全威胁,减少可能带来的损失。传统 IT 系统的信任边界几乎是静止的,且处于系统管理人员的监控之下,因此身份认证和访问控制技术基本上可以有效地保护系统资源。然而,在云计算环境中,云端数据的位置具有不确定性,用户与云服务提供商之间的信任边界模糊,使用云计算服务的用户规模庞大,这些都使得云计算中的身份认证和访问控制相较于以往要复杂很多,如何实现跨云身份认证和管理、如何安全而及时地创建和删除账户信息等是要重点关注的问题。

4. 管理层面的安全威胁

在云计算模式下,数据的所有权和管理权是分离的,用户将自己的应用和数据放在云端,交由第三方云服务提供商管理,云服务提供商可以优先访问和控制这些数据,而用户本身则失去了许多影响安全问题的决策权和管理权,需要依赖云服务提供商来保护存储在云端的数据。因此,云服务提供商对云端数据和应用的管理规范度,用户与云服务提供商之间管理边界及责任的划分,以及服务提供商对双方达成的合同的履行情况,等等,都直接影响着云环境下用户的数据及应用安全。

目前,云计算在管理规范方面仍不完善,相关法律法规尚不健全,大多数云服务提供商的服务水平协议、安全责任、提供的管理功能、云计算服务运行情况等信息缺乏透明性,云计算结构的复杂性、实现方式的多样性以及虚拟化技术的引入,使得用户与用户之间的物理边界以及用户和云服务提供商之间的管理界限十分模糊,责任划分很难明确,一旦发生云计算安全事故,司法取证会面临很大的障碍。另外,云计算中的数据具有位置不确定性,云端的数据和应用可能分布在世界上不同的国家和地区,而各国有着不同的司法体系,不同国家对于数据丢失责任、知识产权保护、数据的公开政策等的司法解释是不一样的,相关法律法规的差异会给云计算的管理带来潜在的法律风险,当云计算安全问题出现时,到底应该遵守哪一方制定的规则,到底应该由谁来承担责任,都是很棘手的问题。除此以外,云服务提供商对于内部人员的管理也至关重要,一些内部人员,尤其是具有高级权限的运维和管理人员,可能会利用自身拥有的权限窥探用户数据,甚至窃取并出售用户的数据,导致用户数据泄露,给用户的数据安全带来极大威胁。

2.2.2 云安全联盟定义的安全威胁

2009 年,云安全联盟(Cloud Security Alliance,CSA)在 RSA 大会上宣布成立,该联盟是一个为云计算提供安全保障的非营利性组织。2010 年 8 月,CSA 发布了研究报告 *Top Threads to Cloud Computing* V1.0,指出云计算面临着滥用云服务、不安全的 API 和接口、共享隔离问题、数据丢失和泄露、数据劫持、恶意的内部员工以及未知风险 7 个安全威胁。2013 年 2 月,CSA 对以上报告进行了更新,发布了研究报告 *The Notorious Nine*:*Cloud Computing Top Threads in* 2013,列出了云计算面临的数据泄露、数据丢失、数据劫持、拒绝服务攻击、不安全的 API 和接口、恶意内部员工、滥用云服务、共享隔离问题以及未知风险 9 个安全威胁。在 2016 年 3 月召开的 RSA 大会上,CSA 又发布了新的研究报告,指出云计算面临的 12 个安全威胁,如图 2-1 所示。

下面对这 12 个安全威胁逐一进行介绍。

1. 数据泄露

在云计算模式下,用户将数据存放在云端,交由云服务提供商管理,这些数据可能包含用户的个人隐私、企业的敏感信息,甚至是政府机密数据,因此,一旦这些数据被泄露出去,将会危及用户的个人隐私、企业的商业秘密甚至国家安全。另外,云服务器中存在着大量的用户数据,一旦有攻击者入侵,导致数据泄露,将会使大量用户的信息安全受到威胁。由此可见数据泄露对用户的危害程度。网络因其自身具备的开放性、匿名性、交互性等特点而存在许多安全漏洞,恶意病毒及木马不断涌现,而云计算环境是完全暴露在网络中的,因此云计算环境中也存在着许多安全威胁。另外,数据的封装以及数据的传输协议

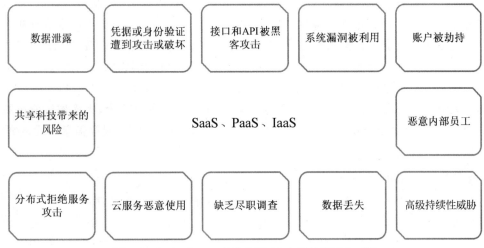

图 2-1　CSA 于 2016 年公布的 12 个云计算安全威胁

具有开放性,这也使得云端的数据面临着极大的泄露风险。

CSA 在 2012 年发表的一篇研究文章中,描述了攻击者如何利用边信道的时间信息,通过入侵一台虚拟机来同时获取同一服务器上的其他虚拟机的私有密钥。事实上,随着技术的不断发展,如今只要用户的应用程序存在安全漏洞,攻击者就可以利用这个安全漏洞发起攻击,从而获取该用户或其他相关用户的数据。另外,云服务提供商全权负责用户数据的存储和安全管理,掌握着数据的管理权限,一些拥有高级权限的运维人员或管理人员就可以窥探、窃取甚至出售用户的数据,从而造成用户数据泄露。

为了应对数据泄露的安全威胁,CSA 给出了一些建议,例如云服务商可以对 API 执行严格的访问控制策略,对服务请求者进行严格的身份验证,并对进出云计算环境的数据进行严格的检查,对传输中的数据进行加密,等等。当然,在应对数据泄露威胁的同时,云服务提供商或用户所采取的措施也可能会带来新的安全威胁。例如,用户可以加密数据以降低泄露风险,但一旦用户丢失了加密密钥,则可能无法再查看数据。

2. 凭据或身份验证遭到攻击或破坏

为了保护云端数据及云服务的安全,云服务提供商通常会采用身份认证和访问控制的方法来控制用户对于云计算资源的访问能力及范围。一般情况下,云服务提供商会给用户分配账户和密码(密码也可以由用户自行设置),各个账户拥有不同的云计算资源访问权限,用户可以使用分配到的账户及设置的密码来通过系统验证,获得云计算资源及服务。虽然身份验证和访问控制能比较有效地保护云计算资源,但是如果身份管理系统过于脆弱,并且缺乏灵活的可扩展性,则极易受到攻击者攻击。

CSA 曾发布过一份报告,声称:"之所以会出现数据泄露或给攻击者提供可乘之机,是由于缺少可灵活扩展的身份管理系统,没有使用多因子验证,使用了弱密码,加密密钥、密码以及证书缺少日常的自动轮换机制。"从中可以看到,可灵活扩展的身份管理系统、多因子验证、受保护的加密密钥等对于数据安全十分重要。例如,某个工作职能发生改变或该职位的用户离职,管理人员可能会忘记修改或删除该用户的访问权限,一些恶意用户可能会利用这些账户权限来获取、篡改或删除企业数据,而可灵活扩展的特性能够让身份管理系统立即更新访问权限,从而避免类似情况的发生。另外,一些云服务提供商可能会将客户的数据以及私钥等重要数据集中存储,以便于管理,这种含有重要数据的集中式存储机制通常会成为攻击者攻击的目标,攻击者可能会利用系统漏洞窃取账户密码,对身份验证进行攻击。除此之外,身份验证系统最好采用多因子认证以保证用户认证的可靠性,美国第二大医疗保险服务商 Anthem 公司就曾经因为没有部署多因子认证而导致公司的数据遭到泄露,攻击者通过盗取用户凭据来获取数据,从而窃取了超过 8000 万个客户的个人信息。

3. 接口和 API 被黑客攻击

为了让用户能与云计算服务进行正常交互以及能对云服务进行配置、管理及监控等,云服务提供商通常会提供一组应用程序编程接口。接口和 API 的安全对于云服务的安全性和可用性至关重要,云服务的身份认证、访问控制、活动监测等都需要依赖 API 的安全性,一旦接口和 API 存在漏洞并被攻击者利用来发起攻击,将严重威胁云计算的安全。

目前,许多云服务的接口及 API 存在着安全漏洞,缺乏安全保障,极易被攻击者攻击。接口和 API 通常是一个系统最容易暴露的地方,因为它们往往需要通过开放的互联网进行访问,而互联网因其自身的开放性、匿名性、交互性等特点而存在着许多安全漏洞,恶意病毒及木马不断涌现,因此接口和 API 不可避免地会面临很多安全威胁。另外,为了追赶项目进度,一些云开发团队盲目追赶开发速度而忽视代码的质量及安全性,从而导致云服务的接口存在着很多安全隐患。除此之外,API 中第三方插件的引入也在一定程度上增大了安全风险。为了应对攻击者对接口及 API 的攻击,CSA 建议云应用开发人员仔细分析云计算提供商接口的安全模型,了解与 API 关联的性能要求及限制,避免越界访问、内存泄露等设计问题。另外,在云计算应用运行过程中,必须严格验证用户身份,并对接口实施严格的访问控制。

4. 系统漏洞被利用

所谓系统漏洞,指的是程序中可以被攻击者利用的错误或缺陷,攻击者利用这些漏洞能够渗入到计算机系统中,从而获取系统数据和对系统的控制权限,或者对系统中服务的运行进行干扰。在云计算中,来自不同企业和组织的系统可以被放在相邻的位置上,以一种接近彼此的方式共享内存、数据库等资源,这种模式会给系统带来许多新的安全漏洞。另外,未打上补丁的安全漏洞也存在着很大的安全隐患。因此,系统漏洞已经成为影响云计算安全的一个大问题。

为了应对系统漏洞可能给云计算系统带来的安全威胁,最好的解决方法就是定期扫描漏洞,安装并及时更新补丁,并且迅速跟踪和报告系统的安全威胁,这些基本的 IT 流程有助于减轻系统漏洞带来的危害。据 CSA 称,与其他 IT 支出相比,修复系统漏洞的成本较小,通过 IT 流程来发现和修补漏洞的费用远远低于潜在的损失。因此,一些受到相应规范严格监管的领域,例如银行和政府机构,应该定期对系统漏洞进行扫描,并及时给系统中的安全漏洞打上补丁,这样才能尽可能避免那些利用系统漏洞发起的攻击,或尽量减少攻击造成的伤害。

5. 账户被劫持

所谓账户被劫持,是指攻击者冒用云中合法用户的账户,盗取用户的身份和数据并将这些信息共享给其他恶意用户。在云计算环境中,攻击者常常利用诸如网站钓鱼、欺诈及软件漏洞等攻击手段来劫持用户的账号。在此基础上,如果攻击者再发起针对密码、凭证的重放攻击,那么其破坏性和危害性更大。另外,在云计算环境中,一旦攻击者劫持了用户账户并获得用户凭证,那么他就能窃听用户的活动和事务,操纵交易,返回虚假信息,将用户客户端重定向到非法站点,等等,甚至利用受害者的账号向其他用户发动新的攻击,让其成为攻击者的"帮凶"。2011 年,有攻击者成功地利用 AWS EC2 云服务掌控变种的 Zbot 僵尸网络病毒,他们通过让云服务执行相关指令来劫持 EC2 实例,并利用被劫持的 EC2 实例组成的僵尸网络来执行攻击。

为了降低账户和服务被劫持的风险,CSA 建议用户和服务之间禁止共享账户凭证,并且在身份认证时采用多因子的强身份认证方案。另外,云服务提供商还应该利用主动监控、防御技术来检测未经授权的活动,并能够提示和监控用户的异常状态。

6. 恶意内部员工

在信息系统中,除了来自外界的安全威胁之外,组织内部也存在安全威胁。从组织内部发起的攻击因其具备逻辑位置的优势,可以渗透到外部攻击所不能到达的区域,因而具有更高的破坏性。

在云计算环境中,云服务提供商的内部员工并非都是可靠的,一些员工可能会为了钱财或建立商业优势而利用自己掌握的系统操作权限及已知的安全漏洞,偷窥、窃取、篡改甚至破坏存储在云端的用户数据。而随着云服务规模的不断扩大,留给云服务提供商进行后台检查的时间也越来越少,因此内部员工的恶意行为很难被发现。2007 年,Fidelity 国民信息服务公司旗下子公司 Certegy Check Services 就有一名高级数据库管理员利用自己的访问权限窃取了大约 850 万个客户记录,并将这些客户记录以 50 万美元的价格出售给意图利用这些资料进行广告投放的不良商家,从而导致受害用户受到大量垃圾邮件及垃圾广告的干扰,甚至有些用户的信息被用于信息诈骗,影响十分恶劣。

为了应对企业内部恶意员工带来的安全威胁,云服务提供商应该执行严格的内部员工管理制度,要不断地监控、审查和记录员工的行为。另外,还应该实施严格的身份认证和访问控制,合理地为员工分配访问权限。

7. 高级持续性威胁

高级持续性威胁(Advanced Persistent Threat,APT)是一种利用先进的攻击手段对特定目标有计划地进行长期持续性网络攻击的攻击行为,这种攻击行为往往经过长期的经营和策划,是蓄谋已久的"恶意间谍威胁"。APT 往往通过鱼叉式网络钓鱼、直接攻击、预装恶意软件的 USB 驱动器以及使用不安全的网络等入口渗透到企业组织的系统中。一旦 APT 进入系统,它便会在计算基础设施上建立"根据地",然后偷偷窃取系统里的数据和知识产权并往外传送。当 APT 潜入系统后,会通过网络进行典型的横向移动,与网络上的正常流量混杂在一起,从而隐匿自己,通常很难被检测出来,因此云服务提供商及云用户都应该采取有效措施防范 APT。CSA 建议企业定期组织员工进行培训,让员工了解最新的网络攻击行为,学会如何识别鱼叉式网络钓鱼等攻击手段,从而避免将 APT 引入企业内网中。

8. 数据丢失

数据丢失,尤其是永久性的数据丢失,是云计算中一个比较严重的安全威胁,它会给用户造成严重危害,也会给云服务提供商带来严重的监管后果。依照相关法律法规,云服务提供商必须存储某些数据存档以备核查,因此这些数据一旦丢失,云服务提供商可能会受到政府的处罚。

随着云服务技术的不断成熟,由云服务提供商的错误所导致的永久性数据丢失已经比较少见了,更为常见的是攻击者对云基础设施发动攻击并永久删除云中的数据。此外,由于火灾、地震、洪水等自然灾害,云数据中心的计算基础设施可能遭受损毁,从而使得云端数据永久丢失。另外,云服务提供商或用户的误操作、数据传输错误或传输过程中的攻击者攻击也是造成数据永久丢失的原因。还有一种更严重的情况是,如果用户在将数据上传到云端之前对其进行加密,但是由于加密密钥没有得到很好的保护而致使其丢失,那么数据也将永久丢失。

为了防止数据永久丢失,日常备份和异地存储是必不可少的措施。云服务提供商应该遵循确保业务持续性和灾难恢复的最佳实践,并做好云端数据的日常备份。云服务提供商可以将分布式数据和应用程序托管在多个位置,并通过多重备份来增强对数据的保护。除了云服务提供商,用户也应该采取一些措施防止数据丢失,包括保护好加密密钥,防止因密钥丢失导致上传至云端的加密数据丢失等。

9. 缺乏尽职调查

一个企业如果事先没有进行深入、全面的调查研究,在还未充分理解云计算环境及其相关风险的情况下就贸然采用云计算服务,那么它极有可能会面临无数的商业、金融、技术及法律方面的风险。例如,如果一家企业的开发团队在对云技术的相关法律规范还不是很熟悉的情况下使用了云技术,他们可能不会意识到合同中提及的在发生数据丢失或数据泄露的情况时用户及云服务提供商应如何承担责任等内容,那么一旦发生数据泄露或丢失,就可能会遇到很多责任纠纷。另外,在云计算体系中,应用程序需要部署到特定的云上,如果用户不熟悉云技术,就可能会遇到操作和架构方面的问题。由此可见,缺乏尽职调查就盲目使用云技术可能会给企业带来很多风险,因此企业在使用云技术之前必须进行全面、深入的尽职调查,明确使用一项云服务时企业自身需要承担的潜在风险。

10. 云服务恶意使用

攻击者通常会使用云服务来支持非法活动,他们往往利用云计算资源来攻击云用户、企业或其他云服务提供商,对云计算安全构成巨大威胁。常见的例子包括利用计算力超强的云服务器来破解普通服务器所无法破解的加密密钥、利用云服务器发动分布式拒绝服务攻击、挖掘数字货币、发送垃圾邮件及钓鱼邮件、实施大规模自动化点击欺诈等。例如,2017 年 11 月,某大型云平台运维人员发现其云平台约 200 台租户虚拟机的 CPU 占用异常,同时租户的主机也受到了影响。平台运维人员通过分析发现服务器被植入挖矿程序,删除后仍会自动下载运行。这些恶意使用云服务的行为不仅会减少客户的实际可用云计算资源,还可能会导致云服务业务中断。为了降低云服务恶意使用的风险,云服务提供商需要采取有效的措施来识别云服务被恶意使用类型,例如通过审查流量来识别 DoS 攻击,并确定哪些操作是恶意使用的服务,从而有效地阻止攻击者恶意使用云服务。

11. 分布式拒绝服务攻击

近年来,分布式拒绝服务攻击已经成为云计算中一个重要的安全威胁,特别是在云计算时代,用户的服务经常保持 7×24h 不间断运行,使得这种安全威胁更加严重。在分布式拒绝服务攻击中,攻击者通常利用某些网络协议或应用程序的缺陷,人为构造不完整的数据包,并利用多台云主机将这些数据包发向攻击目标,造成网络设备或服务器服务处理时间很长,有限的处理器能力、内存、带宽、磁盘空间等系统资源被消耗过多,从而使云计算系统运行缓慢甚至超时,用户的服务请求迟迟得不到响应,严重影响云服务的可用性。分布式拒绝服务攻击可能对云系统造成非常大的破坏,它引起的服务停用会让云服务提供商失去用户,还会使按照使用时间及使用磁盘空间大小付费的用户遭受巨大损失。一般而言,分布式拒绝服务攻击往往很难防御,因为这些非法流量总是和正常流量相互混杂,而且没有固定形态,因此很难通过特征库方式来识别它们。

12. 共享科技带来的风险

为了实现共享基础设施、平台和应用程序,云服务提供商一般会采取虚拟化技术和多租户技术以实现多个用户在同一物理主机上共享数据和应用程序,这样既能高效利用资源,又能为用户和云服务供应商节省费用。但是,共享技术的安全漏洞也对云计算构成了重大的安全威胁,CSA 曾在报告中指出:"共享技术的安全漏洞很可能存在于所有云计算的交付模式中,不论构成数据中心基础设施的底层部件(如处理器、内存和 CPU 等)是不是为多租户架构(IaaS)、可重新部署的平台(PaaS)或多用户应用程序(SaaS)提供了隔离特性。"

在云计算的多用户模式下,资源隔离以及用户访问控制都依赖于共享的管理机制。如果这个管理机制存在安全漏洞,那么可能会分配给合法用户本来不应该占用的资源,或者会有恶意攻击者利用管理机制的安全漏洞越过隔离机制,非法访问其他用户的资源,这些都会导致云服务的可用性和服务水平下降、一些合法用户的正常资源被强占、共享机制被破坏等严重后果。另外,云服务系统中的单一的漏洞或错误都可能会导致整个云服务提供商的云服务被攻击。例如,如果云计算基础设施中存在着隔离的安全漏洞,当系统中的某个用户被攻击者成功攻击后,该系统中的所有资源及用户也都存在着被攻击的风险。

为了应对共享技术带来的风险,CSA 建议云服务提供商采用深层防御的策略,例如,在所有的主机、基于主机和网络的入侵检测系统上采用多因子身份认证,严格实施访问控制。另外,云服务提供商应该采用完善的监控和审计机制以实时感知和检测用户程序的运行状态,监控并及时处理未经授权的访问行为。

云计算安全架构及关键技术

2.3.1　国内外云安全体系架构

云计算具有虚拟化、多用户、快速弹性伸缩、按需自助服务等特征,这些特征给整个信息系统带来了许多新的安全威胁,这些威胁不但促使访问控制、身份认证、漏洞扫描等传统信息安全技术进一步发展,同时也催生了多用户隔离、虚拟机隔离、共享虚拟化资源池的数据保护等许多新的信息安全技术。因此,云计算安全技术可以说是信息安全扩展到云计算范畴的创新领域,它需要从云计算架构的各个层次入手,通过将传统安全技术与云计算环境下催生的新信息安全技术相结合,以确保云计算服务的运行环境更加安全。所以,建立合理完备的、可以有效部署各种安全技术、满足云计算的各种安全需求的云安全体系架构,是解决云计算安全问题的关键所在。下面介绍国内外的几个云安全体系框架。

1. IBM 云计算安全框架

IBM 公司提出了一个基于企业信息安全框架的云安全框架,该框架可以分为用户认证和授权、数据隔离和保护、流程管理和分级控制、灾备以及服务器、存储、网络等基础设施的安全保护这 5 个方面,下面分别对这 5 个方面进行介绍。

1) 用户认证和授权

给用户分配身份并授予相应权限,系统允许合法用户进入系统和访问数据,同时拒绝未授权用户对系统的非法访问。

2) 数据隔离和保护

对数据的访问权限进行管理,对不同用户的数据进行隔离,采用快照、备份、容灾等手段来确保存储在云计算平台的用户重要数据的安全。在云计算中,多个用户共享同一个存储设备。因此,为了保护用户的数据和信息安全,系统首先需要隔离不同用户的数据,这里可以利用存储设备自身的安全措施以及 LUN Masking、LUN Mapping[①] 等功能来实现。其次,对存储格式完全不同的数据进行归类、保护和监控,保护关键知识产权和敏感企业信息的安全。再次,云服务提供商可以根据用户的数据备份需求和设定的备份策略,利用专门的软件,自动在线或离线备份及恢复用户的文件、数据库。最后,为进一步确保数据及运行环境的安全,云服务提供商也可以进行操作系统级的整体备份。

3) 流程管理及分级控制

对在云计算系统中运行的服务,例如资源的申请、变更、监控以及使用,统一采用流程化的管理,同时对云计算资源访问和管理涉及的每个安全领域进行多级权限控制,一般可以分为机房管理和维护人员、云计算管理员、云计算维护员以及系统管理员等几个级别。

4) 灾备

系统统一采用集中灾备的方式为平台用户提供业务和数据的恢复服务,用户可以在

---

① LUN 是 Logical Unit Number(逻辑单元号)的缩写。LUN masking 意为逻辑单元号掩码,LUN mapping 意为逻辑单元号映射。

本地或异地建立远距离的容灾中心,容灾中心与计算中心通过专用网络连接,从而实现应用和数据的传输。

5)服务器、存储、网络等基础设施的安全保护

利用虚拟化解决方案中的分区组件对平台中的服务器、网络以及存储等基础设施进行有效的隔离,确保在同一个云计算平台上运行的进程、动态链接库以及应用程序不会相互影响。在服务器隔离中,对于重要的应用可以通过双机备份来保障应用的可靠性,实现虚拟机之间的热迁移。在存储隔离中,可以采用单独的存储设备在物理层面隔离数据,也可以采用虚拟统一存储,通过划分 LUN 并设置 LUN 访问权限实现在逻辑层面保护数据的访问安全。在网络隔离方面,可以通过 VLAN(Virtual Local Area Network,虚拟局域网)来保证网络的安全性和隔离性。VLAN 的隔离性由交换机及各主机上的虚拟化引擎保证,它可以提供数据链路层的隔离,保证一个 VLAN 的帧不会发送给另一个 VLAN。另外,VLAN 通过虚拟机的 MAC 地址对虚拟机进行标识,因此用户即使手动改变虚拟机 IP 地址,也无法改变虚拟机所处的 VLAN。通常来说,云计算管理服务器以及各物理主机本身都处于一个独立的 VLAN 中,这样可以防止用户从自己的项目环境入侵到系统环境。

2. VMware 公司云计算安全框架

VMware 公司云计算安全框架主要分为 3 个层面。第一个层面是保护云计算中的虚拟数据中心,使它免受外围网络的威胁。第二个层面是保护整个数据中心内部的安全区域。第三个层面是保护虚拟机的安全,使其免受病毒和恶意软件的攻击。VMware 公司云计算安全框架由 VMware vShield Edge、VMware vShield App、VMware vShield Endpoint 和 VMware vShield Zones 等安全产品实现,这些安全产品受 VMware vShield Manager 管理。

3. Amazon EC2 安全框架

Amazon EC2 安全框架提供了在多个层次上的安全保障,旨在保护 Amazon EC2 中的数据不被未经授权的系统或用户拦截。该框架可以分为宿主操作系统、Guest 操作系统(虚拟化操作系统)、防火墙、Hypervisor、实例隔离等多个层面,下面逐一介绍。

1)宿主操作系统

云计算平台的管理主机一般是经过特别设计、建造、配置和加固的,以保护云管理平台。业务管理人员对管理平台进行访问时需要使用多因子认证的方式,并且管理主机的所有访问都会被写入日志并被审计。在没有访问管理平台的业务需求时,员工对这些管理主机及相关系统的访问权限会被撤销。

2)Guest 操作系统

Guest 虚拟化操作系统由用户完全控制,用户具有 root 权限,对账户服务和应用管理员有着控制权限。用户一般应禁止基于密码的访问方式,而应使用多因子认证的方式来确认访问者的身份。

3)防火墙

Amazon EC2 提供了一个完整的防火墙解决方案,默认的防火墙设置是 deny。用户需要开放自己的端口,可以从协议、服务端口、源 IP 或 CIDR 块等角度来进行限制。

4）Hypervisor

Amazon EC2 使用高度定制化的 Xen Hypervisor，完全隔离 Guest 和 Hypervisor。

5）实例隔离

利用 Xen Hypervisor 对用一台物理机上运行的不同实例进行隔离。

4. 思科公司云数据中心安全框架

思科公司提出了一个云计算安全框架，并且认为云数据中心安全的关键在于该架构中每一层的实现。思科公司提出的云计算安全框架描述了云数据中心的威胁模型以及可用于降低安全风险的措施，显示了控制合规和 SLA（Service-Level Agreement，服务等级协议）组件的关系。该框架主要分为以下几个部分：

（1）威胁。包括服务崩溃、入侵、数据泄露、数据修改以及身份窃取和假冒。

（2）云数据中心可视性。包括身份的识别、监控及关联分析。

（3）云数据中心保护。包括虚拟机的加固和隔离，以及网络的隔离和强制。

（4）云数据中心控制。包括安全基线、数据划分、加密策略、虚拟机操作系统的管理和访问、强认证、身份和访问管理、单点登录等多个维度。

（5）合规和 SLA。包括多方面内容，例如对数据和系统的合规必须考虑分类需求和隔离等。

2.3.2 云计算安全服务体系

云计算安全服务体系由一系列云计算安全服务构成，根据服务所属层次的不同，可分为云基础设施安全服务、云安全基础服务以及云安全应用服务 3 类，如图 2-2 所示。云计算安全服务体系提供的服务平台环境可以满足云用户的多样化安全需求。下面对云计算安全服务体系包含的 3 类服务进行介绍。

1. 云基础设施安全服务

云基础设施安全服务是云计算体系安全的基础，它可以为上层云应用提供安全的存储、网络、计算等 IT 资源服务。总的来说，云基础设施安全服务可以分为两个方面：一是能够抵御来自外部的恶意攻击；二是能够向用户证明云服务提供商能对云端的数据和应用进行安全防护，并具备安全控制的能力。另外，为了满足用户不同的安全需求，云基础设施安全服务应根据防护强度、运行性能和管理功能等划分不同的安全服务等级类型。

在抵御来自外部的恶意攻击方面，云平台应该综合考虑传统计算平台在各层次上面临的安全问题以及云平台的特有属性所带来的新安全问题，采取全面、严密的安全措施来保障云基础设施的安全运行。在物理层面应该要考虑计算环境安全；在存储层面应该考虑数据加密、备份、完整性检测、灾难恢复等；在网络层面应该考虑拒绝服务攻击、IP 安全、DNS 安全以及数据传输安全等；在系统层面应该考虑补丁管理、虚拟机安全、系统用户身份管理等安全问题；在应用层面则应该考虑程序的完整性检验和漏洞管理等。

在向用户证明云服务提供商能对云端的数据和应用进行安全防护并具备安全控制的能力方面，云平台可以做的包括：在计算服务中向用户证明用户的代码是在受保护的内存中运行的；在存储服务中向用户证明用户的数据是以密文的形式存储的，并且存储服务

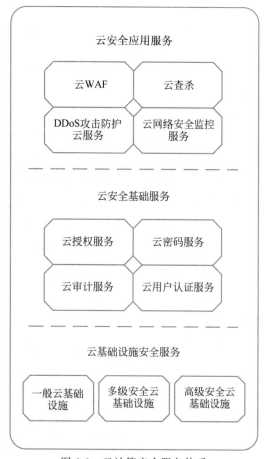

图 2-2 云计算安全服务体系

还能对用户的数据文件进行完整性校验;等等。

2. 云安全基础服务

云安全基础服务属于云基础软件服务层,它为各类云应用提供信息安全服务,可以让云应用满足用户的各种安全目标。比较典型的几类云安全基础服务包括云用户认证服务、云授权服务、云审计服务以及云密码服务,下面逐一介绍。

云用户认证服务主要涉及用户身份的管理、注销以及身份认证的过程。在云计算环境下,云计算联盟服务之间一般可以对用户身份信息和认证结果进行共享,实现身份联合和单点登录,从而减少重复认证带来的运行开销。在云身份联合管理的过程中,云用户认证服务需要保证用户数字身份的隐私性。

云授权服务需要在基于角色的访问控制模型、基于属性的访问控制模型以及强制自主访问控制模型等传统访问控制模型的基础上进一步完善,并结合 XACML、SAML 等各种授权策略语言标准来实现。

云审计服务是保证云服务提供商满足合规性要求的重要方式,它必须提供满足审计事件列表的所有证据以及证据的可信度说明,且在证据调查过程中为了避免使其他用户的信息受到影响,还应该对数据取证方法进行特殊设计。

云密码服务依赖于密码基础设施,它能够满足云用户对数据加解密运算的需求。云安全基础服务中包括密码运算中的密钥管理、密钥分发以及证书管理、证书分发等功能。云密码服务简化了密码模块的设计与实施,使得密码技术的使用更集中、更规范。

3. 云安全应用服务

云计算具有快速弹性伸缩、超强计算能力、多租户等优势,这些优势可以极大地弥补传统网络安全区技术在防御能力、响应速度、系统规模等方面的不足,从而有效应对日益复杂的安全需求。云安全应用服务种类多样,与用户的需求紧密结合,比较典型的云安全应用服务包括 DDoS 攻击防护服务、僵尸网络检测与监控服务、防垃圾邮件服务、Web 安全与病毒查杀服务等。云安全应用服务能够提供超强的计算能力及海量的存储能力,从而能够大幅提升安全事件采集、关联分析、病毒防范等方面的性能。通常云平台中会包含超大规模的安全事件信息处理平台,它能帮助提升全局网络的安全态势感知和分析的能力。此外,云平台还可以通过海量终端的分布式处理能力实现安全事件的统一采集,之后再对上传到云安全中心的事件进行并行分析,从而极大地提高安全事件汇聚与实时处理的能力。

2.3.3　云计算安全支撑体系

云计算安全服务体系的实现依赖于云计算安全支撑体系,该体系如图 2-3 所示。

云计算安全支撑体系可以为云计算安全服务提供各种重要的技术和功能支撑,下面对其核心进行详细介绍:

(1)密码基础设施可以为云计算安全服务中的密码类应用提供支撑,包括密钥管理、证书管理、散列码算法以及对称或非对称加密算法等功能。

(2)认证基础设施可以为云计算应用系统的身份鉴别服务提供支撑,主要包括为用户提供基本的身份认证管理和联盟身份管理这两大功能,可以实现统一的身份创建、修改、删除、终止和激活等,并且它能支持多种类型的用户认证方式,实现认证体制的整合。认证基础设施在身份认证过程完成之后,还可以通过安全令牌服务签发用户身份断言(identity assertion),为应用系统提供身份认证服务。

(3)授权基础设施可以为云计算环境下业务运行过程中的细粒度访问控制提供支撑,它可以实现云计算环境范围内访问控制策略的统一集中管理和实施。授权基础设施可以满足云计算应用系统灵活授权的需求,同时也可以确保云计算安全策略的完整性和不可否认性,让云计算安全策略受到高强度的安全防护,从而维持云计算安全策略的权威性和可审计性。

图 2-3　云计算安全支撑体系

云计算安全支撑体系

- 密码基础设施
- 认证基础设施
- 授权基础设施
- 监控基础设施
- 基础安全设备

（4）监控基础设施可以为云计算的基础设施运行状态、安全系统运行状态以及安全事件的采集和汇总提供支撑，它包含了在云计算环境中部署的虚拟机、虚拟机管理器、网络关键点的代理及检测系统，通过这些基础设施来完成对云计算环境的监控。

（5）基础安全设备主要包括防火墙、安全网关、存储加密模块、入侵防御系统等网络安全及存储安全设备，可以为云计算环境提供基础的安全防护能力。

2.4　云计算数据中心安全建设

2.4.1　云计算数据中心安全建设思路

传统的互联网数据中心（Internet Data Center，IDC）是以稳定可靠的宽带互联网接入和安全可靠的电信级机房设备向用户提供专业化和标准化数据存放业务和相关服务的数据存储中心和数据交换中心，是承载云计算与未来业务发展的重要载体。它把传统电信资源、互联网资源和传统服务能力结合在一起，具有高带宽、高可靠性以及提供网络高速互联的能力，能够把用户的内容或应用服务以更快的速度安全、稳定地传递给使用者。IDC 是在云计算技术快速发展的环境下兴起的，能够很好地适应我国互联网发展的需求。IDC 提供的是有品质保证的专业互联网服务，因此其安全性十分重要。IDC 必须能够提供有效的容灾和容错等风险保障机制来应对火灾、盗窃、洪涝等意外以及各种不可预知的人为操作失误；必须能够有效抵御来自系统外部的恶意攻击以及来自系统内部的恶意破坏。

在云计算数据中心安全建设的过程中，除了要明确各种安全技术以及安全管理方法以外，还必须遵循现阶段较成熟的传统的互联网数据中心（以下简称传统数据中心）安全建设原则，这样才能结合具体安全问题制定合理的安全措施部署方案，为云计算数据中心的安全提供强有力的安全保障。

云计算数据中心与传统数据中心的差异主要体现在计算、存储及网络资源的松耦合程度、虚拟化程度、模块化程度、绿色节能程度以及自动化管理程度等几个方面，但总体而言，两者之间并没有本质上的区别。因此，云计算数据中心在进行安全建设时可以将传统数据中心的安全建设原则作为建设初期的参考，并在此基础上结合云用户与云服务提供商的安全需求进行合理规划建设和部署。

传统数据中心的安全防护部署一般按照"分区规划、分层部署"的原则来进行。其中，"分区规划"指的是根据数据中心中应用或业务单元易受攻击的程度以及自身价值的不同，为其建立不同的安全策略和信任模型，将数据中心划分为不同区域，以满足数据流、IT 安全、业务、应用的逻辑功能等需求。另外，数据中心为满足对业务、应用以及数据的安全需求，还会根据不同的信任级别划分为管理器、远程接入区、核心区、容灾备份区、测试区、存储区、Internet 服务器区等多个分区，每个分区的安全功能是根据各自的特性进行定义的，因此每个分区可以单独进行安全部署而不会影响到其他应用或者整个数据中心，这使得采用分区规划的架构设计具有很好的伸缩性，可以在不需要对整个架构进行大修改的情况下灵活地增加新分区。"分层部署"指的是在数据中心分区规划的基础上按照安全防护部署的要求,根据实际情况在每个分区的边界处部署异构多重防火墙、虚拟专用网、DDoS攻击防护、流量分析与控制、入侵防御以及负载均衡等相应的安全防护措施。

云计算数据中心的建设可以借鉴传统数据中心"分区规划、分层部署"的思想,在此基础上还要考虑如何实现计算和存储等IT资源的灵活调度、如何让资源得到充分利用等云计算自身对于安全的需求。对于云计算数据中心来说,其所需遵循的安全原则是保护基础设施安全、保护网络安全以及保护应用安全。

与传统数据中心安全建设相比,云计算数据中心的安全建设主要有以下几个方面需要关注:

(1)对虚拟化技术的支持。目前服务器、网络设备以及存储器的虚拟资源池化技术已经日渐成熟,现代化数据中心的基础网络架构、计算资源、存储资源以及应用资源都开始使用虚拟化技术,在云计算环境下也采用了可以最大限度提高资源利用率并降低运营成本的虚拟资源池。因此,云计算数据中心的防火墙、负载均衡等安全控制设备也必须支持虚拟化能力,即将这些安全控制设备像计算、存储和网络一样以按需服务的形式提供给用户。

(2)高性能要求。相较于传统模型,云计算网络的流量模型具有从外部到内部的纵向流量加大以及云业务内部虚拟机之间的横向流量加大这两个不同。因此,为保证业务的顺利开展,云计算数据中心必须具有较高的吞吐能力和处理能力,应具备突发流量的承载能力,防止数据转发和控制的节点出现阻塞现象。

(3)虚拟机(Virtual Machine,VM)之间的安全防护需求。云计算的一大特点是虚拟化,在虚拟化环境下,一台物理服务器会虚拟化为多台VM,VM之间的流量交换是基于服务器内部的虚拟交换,这部分流量对管理员而言既不可控也不可见,因此云计算数据中心要采取适当的措施,做好VM之间的安全防护。

(4)建设统一的安全威胁防护系统。由于云计算数据中心的安全边界模糊,物理上的安全边界已经不存在,且资源高度整合,因此管理人员只能对整个数据中心进行逻辑上的分区,针对用户单独部署独立的安全系统已经不现实。在这种情况下,应该建立统一的安全威胁防护系统,将过去基于各子系统的安全防护转变为基于整个云计算数据中心的安全防护。

(5)形成安全风险快速反应机制。云计算具有强大的资源共享能力和计算能力,因此云计算数据中心在安全建设中可以充分利用这些优势对安全风险进行快速反应和处置,当发现安全威胁时可以快速定位和解析,并将安全威胁的处置方式推送到整个数据中心,让所有的安全设备都具备这种安全威胁的检测能力。

2.4.2 云计算数据中心安全部署

云计算数据中心的安全防护需要覆盖环境、链路、系统、网络、内容等方面的安全需求,需要构建立体的安全防御体系来抵御各类攻击。具体来说,云计算数据中心总体的安全部署可以从以下几个方面进行。

1. 环境安全部署

建设云计算数据中心前需要考虑的一个重要问题就是选址,它关系到云计算数据中心的长远发展。选址时需要重点考虑云计算数据中心周围的水利资源、电力能源、通信发展、交通条件、税费、社会安保、城市气候、环境质量、人才聚集等因素。

2. 角色管控部署

角色可以分为云服务提供商和用户。其中,云服务提供商对云的威胁主要来自内部工作人员,因此面对该角色应该采取加密、认证以及访问控制等技术手段进行管控。用户对云安全性的威胁主要来自各种移动终端。随着信息技术的不断发展,智能终端也越来越普及,用户可以通过智能手机、PC、平板电脑等多种形式的终端来访问云计算数据中心。但与此同时,各种终端面临的安全威胁也越来越多样化,攻击者可以利用恶意软件攻击用户,给用户造成巨大的安全威胁;另外,终端一旦遭受了攻击,云的安全性也会受到威胁。因此,用户需要选择安全的移动智能终端。而云服务提供商则可以采用身份认证技术来确保用户身份的合法性,并采用分级认证这种信息系统认证的核心方法,实现用户对数据的访问控制。

3. 安全防护部署

安全防护部署包括主机安全部署、虚拟化安全部署以及网络基础设施安全部署。下面对这几方面进行介绍。

在主机安全部署方面,由于云计算环境中的主机不仅是进行计算和存储的主体,同时还充当着虚拟宿主机的角色,因此主机的安全对于上层虚拟机的安全十分重要。为保证主机的安全,首先必须保证主机上运行的程序和数据资源是"干净"的,另外还要求其承载的资源务必来自正确的安全域。由于云计算环境中的安全边界很模糊,因此可以在云计算环境中设定不同级别的安全域并针对不同安全域采取不同的保护措施。

在虚拟化安全部署方面,由于虚拟机环境下一台物理服务器被虚拟化成多台虚拟机,虚拟机之间的流量交流是基于服务器内部的虚拟交换,这部分流量不可见也不可控。因此可以将不同的虚拟机划分到不同的安全域进行隔离和访问控制,通过 EVB(Edge Virtual Bridging,边缘虚拟桥接)协议将虚拟机内部不同虚拟机之间的网络流量全部交由与服务器相连的物理交换机处理。

在网络基础设施安全部署方面,由于云计算数据中心面临着病毒、木马、攻击者入侵、蠕虫、窃听、拒绝服务攻击等安全威胁,因此可以通过部署防火墙、IPS、VPN、病毒墙等一系列安全设备对网络基础架构进行安全加固,应对各种混合型攻击。

4. 安全监控和管理部署

云计算数据中心运行着大量用户的海量应用,并且其设备的种类和数目众多,通常需要跨地域管理,云计算环境中一旦出现异常就会很难定位。因此,在安全监控和管理的部署方面,应该建立实时监控系统,对云计算中心进行 $7 \times 24h$ 的监控,并建立不同级别的安全监控措施,做到监控工作的分级管理。另外,云计算中心的管理人员还必须能随时掌握全局安全态势。云计算日志审计中心以及可视化安全管理可以帮助管理人员深入了解每一个安全细节,为安全建设、监控、响应及优化提供科学依据。

2.5 本章小结

本章从云计算领域几个 IT 巨头企业所发生过的云安全事件的介绍分析入手,结合云安全联盟发布的云计算环境所面临的安全问题分析报告,对云计算环境与 IT 环境所面临的信息安全问题进行了梳理和分析,并针对这些问题给出了国内外的云计算安全框架以及相关的云计算安全服务体系和支撑体系,最后还给出了云计算数据中心的安全建设策略。

结合本章的梳理分析,可以看到目前云计算仍然面临着许多安全威胁和挑战。通过分析可以发现,导致云计算安全问题产生的原因既有传统 IT 环境下人力资源、业务连续性、加密和密钥等方面的管理不善,也有云计算环境下的虚拟化安全、可移植性、多租户等新技术、新特征所带来的安全风险。为保障云计算环境的安全,需要一套完善的方案来应对,本章介绍的国内外云计算安全框架以及云计算安全服务体系和支撑体系都是很好的参考内容。另外,参考标准化的管理模型和最佳实践来构建企业自己的云计算安全管理体系和机制,能够比较完善地解决云计算安全问题,因此第 3 章将重点介绍云计算环境下的安全管理。

2.6 思考题

(1) 云计算的滥用包括哪 3 种?请分别简述。

(2) 云计算在基础设施、数据、应用以及管理这几个层面分别面临着哪些安全威胁?

(3) CSA 定义的云安全威胁有哪 12 种?

(4) 简述 IBM 公司云计算安全框架中的服务器、网络、存储等基础设施的安全保护以及数据的隔离和保护。

(5) 根据所属层次的不同,云计算安全服务体系可分为哪 3 类?请分别简述。

(6) 简述云计算中心安全建设的思路。

第 3 章 云计算安全管理方法及相关模型

3.1 云计算安全标准化工作概况

为了保障云计算环境的安全,不仅要采取相应的技术防护措施、完善管理方案,还需要有相关的云计算安全标准为安全保障工作提供制度环境,引领云计算安全工作的开展。目前,国内外云计算安全相关标准化组织形成了众多的云计算安全标准,这些云计算安全标准为云计算提供了安全管理保障,促进了云计算安全快速发展。

3.1.1 国际云计算安全标准概况

目前,许多国家政府及标准组织都加入到了云计算安全标准的制定工作中,云计算安全标准工作已经在全球范围内全面启动。其中,比较有代表性的国际标准组织包括云安全联盟(CSA)、美国国家标准与技术研究院(NIST)、国际标准化组织(International Organization for Standardization,ISO)以及国际电信联盟远程通信标准化组织(International Telecommunication Union-Telecommunication Standardization Sector,ITU-T)、欧洲网络与信息安全局(European Network and Information Security Agency,ENISA)等。这些国际标准组织对云计算安全标准进行了长期、深入的研究,从基础类到技术类、服务类、管理类的术语和参考框架,均出台了一系列云计算及云计算安全标准,在云计算的云服务、安全及云际接口等方面均有很多成果。下面对其中几个国际标准组织进行简单介绍。

1. CSA

CSA 是 2009 年 4 月在 RSA 大会上宣布成立的一个非营利性组织,其组织成员包括100 多家来自全球的 IT 企业,并与 ITU、ENISA、ISO 等标准组织及机构合作,建立了定期的技术交流机制,交流在云安全方面的经验和前沿技术,致力于在云计算环境下推广云安全的最佳实践方案。CSA 自建立以来已经发布了一系列研究报告,这些报告从技术、操作、数据等多个方面提出了保证云安全需要考虑的问题以及相应的解决方案。业界最为熟知的《云计算关键领域安全指南》就是 CSA 发布的,该指南在 2017 年 7 月更新到了第 4 版,从架构、治理和运行 3 个部分、14 个关键领域对云安全进行了深入阐述。另外,CSA 在云安全威胁、云安全控制矩阵、云安全度量等方面也有重要的研究成果。CSA 在云安全最佳实践与标准制定方面有着巨大的影响力,对云计算安全行业规范的形成起到了一定的作用。

2. NIST

NIST 直属美国商务部,主要从事物理、生物、工程、测量技术以及测量方法等方面的基础和应用研究,并提供标准、标准参考数据以及相关服务。2010 年 12 月,美国联邦首席信息官(CIO)发布《联邦信息技术管理改革 25 点实施计划》(*25 Point Implementation Plan to Reform Federal Information Technology Management*),其中确立以"云优先"策略为核心的美国联邦 IT 改革方向,并于 2011 年 2 月发布了《联邦云计算战略》(*Federal Cloud Computing Strategy*),其中提出了美国联邦 IT 向云计算迁移的框架和政策举措。为了积极响应、落实和配合美国联邦云计算战略,NIST 于 2010 年 11 月牵头启动了云计算计划,为美国政府安全、高效地使用云计算提供标准支撑服务,并成立了云计算目标商务用例工作组(Cloud Computing Target Business Use Cases Working Group)、云计算参考架构和分类工作组(Cloud Computing Reference Architecture and Taxonomy Working Group)、云计算标准路线图工作组(Cloud Computing Standards Roadmap Working Group)、云计算应用的标准推进工作组(Cloud Computing Standards Acceleration to Jumpstart the Adoption of Cloud Working Group)、云计算安全工作组(Cloud Computing Security Working Group)这 5 个云计算工作组,制定并发布了多项云计算标准和指南,加快了美国联邦政府安全采购云服务进程,在业界产生了巨大影响。其中,由 NIST 提出的云计算定义、3 种云服务模式(SaaS、PaaS、IaaS)、4 种部署模型(私有云、公有云、社区云和混合云)以及五大基础特征(按需自助服务、宽带网络访问、资源池、快速伸缩能力以及可被测量的服务)被认为是云计算的权威性描述。

NIST 云计算安全工作组自成立以来,在为美国政府安全采用云服务提供标准方面做出了很大贡献,其输出成果如下:

(1) SP500-299,《NIST 云计算安全参考架构——草案》(*NIST Cloud Computing Security Reference Architecture—Draft*)。

(2)《美国政府采用云计算的安全需求挑战》白皮书("*Challenging Security Requirements for US Government Cloud Computing Adoption*"White Paper)。

(3) SP800-173,《云适应的风险管理框架:应用风险管理框架到基于云的联邦信息系统指南》(*Cloud-Adapted Risk Management Framework: Guide for Applying the Risk Management Framework to Cloud-Based Federal Information Systems*)。

(4) SP800-174,《用于基于云的信息联邦系统的安全和隐私控制》(*Security and Privacy Controls for Cloud-Based Information Federal Systems*)。

3. ISO/IEC

ISO 成立于 1946 年,是一个全球性的非政府组织,其总部设在瑞士日内瓦,成员包括 162 个国家和地区,参与者包括各成员的标准机构和主要公司,中国也是 ISO 的正式成员。ISO 是世界上最大的非政府性标准化专门机构,它通过 2856 个技术机构开展技术活动,其中技术委员会有 611 个,工作组有 2022 个,特别工作组有 38 个。ISO 是国际标准化领域中十分重要的组织,它负责绝大部分领域的标准化活动,其中包括军工、船舶、石油等垄断行业。ISO 的宗旨是"在世界上促进标准化及其相关活动的开展，以便于商品和服务的国际交换，在智力、科学、技术和经济领域开展合作"。

IEC(International Electrotechnical Commission，国际电工委员会)于 1906 年成立，是世界上成立最早的国际性电工标准化机构，负责电气工程和电子工程领域的国际标准化工作。

ISO 和 IEC 这两大国际标准组织于 1987 年联合组建了信息技术第一联合技术委员会(JTC1)。ISO/IEC JTC1/SC27 是其中专门从事信息安全标准化的分技术委员会，它是信息安全领域中最具代表性的国际标准组织。SC27 下设有多个工作组，其工作范围覆盖了信息安全管理和技术领域，包括信息安全管理体系、密码与安全机制、安全评估准则、安全控制以及服务身份管理与隐私保护技术等。SC27 于 2010 年 10 月启动了"云计算安全与隐私"项目，确定了云计算安全与隐私的基本架构，明确了信息安全管理、身份管理和隐私技术以及安全技术这 3 个领域的标准研制方案。

4. ITU-T

ITU-T 创建于 1993 年，总部设在瑞士日内瓦，它是在国际电信联盟(ITU)管理下专门制定远程通信相关国际标准的组织。ITU-T 中与云计算相关的工作组包括云计算焦点组(Focus Group on Cloud Computing，FG Cloud)、ITU-T SG13 研究组以及 ITU-T SG17 研究组。

FG Cloud 是由 ITU-T 于 2010 年成立的，旨在从电信角度为云计算提供云安全与云管理等支持，该工作组随后发布了多份云计算技术报告，其中包括《云安全》(该报告的完整英文名称为 Focus Group on Cloud Computing Technical Report Part 5: Cloud security)和《云计算标准制定组织综述》(该报告的完整英文名称为 Focus Group on Cloud Computing Technical Report Part 6: Overview of SDOs involved in Cloud Computing)。《云安全》报告确定了 ITU-T 与相关标准组织需要合作开展的云安全研究领域，该报告还计划对包括欧洲网络与信息安全局(ENISA)、ITU-T 等标准组织所开展的云安全工作进行评价，并在此基础上总结云服务用户与云服务供应商所面临的安全威胁与存在的安全需求。《云计算标准制定组织综述》对包括分布式管理任务组(Distributed Management Task Force，DMTF)、美国国家标准与技术研究院(NIST)、云安全联盟(CSA)等在内的标准组织已开展的活动及取得的成功进行了综述和举例分析，综述表明各标准组织制定的云计算标准架构各不相同，都是出于各自的目的，无法覆盖云计算标准化的全部。同时，该报告建议 ITU-T 需要与其他标准组织进行互补的标准化工作，避免重复工作，以提高效率，进而在功能架构、跨云安全和管理、服务水平协议等研究领域发挥引领作用。FG Cloud 下设两个工作组，分别是：WG1，即云计算效益和需求(Cloud Computing Benefits and Requirements)工作组；WG2，即云计算标准发展差距分析和线路图(Gap Analysis and Roadmap on Cloud Computing Standards Development)工作组。

FG Cloud 于 2011 年 12 月结束了工作，ITU-T 与云计算相关的后续工作就转移到了 SG13 和 SG17 研究组进行。SG13 研究组的研究内容是包括云计算、手机和下一代网络的未来网络，云计算是其中重要部分。SG13 研究组下设 Q17、Q18 以及 Q19 小组，这些小组制定了详细描述云计算生态系统需求和功能架构的标准,涵盖云间、云内计算和支持XaaS(Anything as a Service,一切皆服务)的技术。云计算依赖于各种电信和信息技术基础设施资源的相互作用,因此 SG13 研究组制定了针对不同云服务商域服务和技术的一致性端到端、多重云管理和检测的标准,并发布了多份云计算建议书。SG17 研究组则开展了多个与云计算安全相关的课题研究,发布的云计算标准包括《云计算安全框架》(*Security Framework for Cloud Computing V2.0*)以及《信息技术 安全技术 基于ISO/IEC 27002 云服务的信息安全控制实施规程》(*Information Technology—Security Techniques—Code of Practice for Information Security Controls based on ISO/IEC 27002 for Cloud Services*)等。

5. ENISA

ENISA 是欧盟及其成员国的网络和信息安全中心,它旨在帮助欧盟成员国实现相关的欧盟法规,提升欧洲关键信息基础设施和网络的弹性,从而提高欧盟的网络和信息安全。

ENISA 早在 2009 年就启动了云计算安全相关研究工作,在云安全标准化方面主要关注云计算中的风险评估和风险管理等领域,并先后发布了《云计算:优势、风险及信息安全建议》(*Cloud Computing:Benefits,Risks,and Recommendation for Information Security*)和《云计算:信息安全保障框架》(*Cloud Computing:Information Assurance Framework*)两个报告。其中,《云计算:优势、风险及信息安全建议》定义了云所面对的风险类型、云中的资产类型、云的脆弱性类型、影响资产风险等级等;《云计算:信息安全保障框架》旨在对采购云服务的风险进行评估、对不同云服务提供商提供的云服务进行比较,帮助云服务提供商减轻安全保障负担,等等。2011 年,ENISA 发布了报告《政府云的安全和弹性》(*Security & Resilience in Government Clouds*),为政府提供了决策指南。2012 年 4 月,ENISA 发布了报告《云合同安全服务水平检测指南》(*A Guide to Monitoring of Security Service Levels in Cloud Contracts*),该指南是一套持续监测云服务提供商安全服务水平协议运行情况的指南,可以实时核查用户数据的安全性。

2012 年,ENISA 发布了名为"释放欧洲云计算潜力"(Unleashing the Potential of Cloud Computing in Europe)的云计算计划,该计划的内容包括:对云服务进行标准化和认证,提供安全、公平的服务合同及服务水平协议,建立欧盟云计算合作关系,以推动云计算发展。在该计划的推动下,ENISA 于 2014 年推出了"云认证计划初步框架"(Cloud Certification Schemes Metaframework,CCSM),该框架归纳整理了欧盟 11 个成员国的29 个云计算相关国家法律法规以及相关指南,最终概括了安全职责、风险管理、供应链安全、信息安全策略等 29 个云安全目标,并将这 29 个云安全目标与欧盟现有的云安全认证计划中的云安全目标的达成情况进行了对照。用户利用 CCSM 中的对照表,可以了解某个通过某项认证计划的云服务的云安全目标具体满足达成,明确哪些安全目标已经达成,哪些未被验证,从而可以根据自身的安全需求对云服务进行选择和购买。

3.1.2 国内云计算安全标准概况

从总体上来看,我国对云计算及云计算安全方面的研究起步较晚,在云计算产业化及标准化方面还与国外有着明显的差距。近几年,国内各标准组织和相关机构开始大力投入到云计算及其安全标准制定工作中,中国通信标准化协会(China Communications Standards Association,CCSA)在云安全标准制定方面有着较为突出的成果。同时,全国信息技术标准化技术委员会、全国信息安全标准化技术委员会以及公安部也陆续开展了云计算安全相关标准的制定工作。经过多年的技术研究积累以及市场的开拓发展,云计算在国内正迎来高速发展的黄金时期,云计算安全技术作为云计算的核心保障,在标准和规范方面也进入了一个密集开发的阶段。目前,云计算安全和标准化是我国云计算面临的关键问题。下面对几个国内相关标准组织及其工作进行介绍。

1. 全国信息技术标准化技术委员会

全国信息技术标准化技术委员会成立于 1983 年,原名全国计算机与信息处理标准化技术委员会,主要负责 ISO/IEC JTC1(信息技术第一联合技术委员会)的国际归口工作。全国信息技术标准化技术委员会下设 22 个分技术委员会和 18 个直属组,是在国家标准化管理委员会与工业和信息化部共同领导下成立的从事全国信息技术领域标准化工作的技术组织。

2009 年 4 月,工业和信息化部软件服务业司联合全国信息技术标准化技术委员会在北京成立了信息技术服务标准(Information Technology Service Standards,ITSS)工作组。该工作组的任务主要是:根据我国信息技术服务业发展现状和趋势,研究和提出信息技术咨询设计、信息技术运维、信息技术服务管控等方面的标准需求,进一步建立信息技术服务标准体系以及制定信息技术服务领域的相关标准。ITSS 工作组下设云服务专业组,该组从云服务的分类、服务交付、服务运营、服务安全等方面开展研究工作,推动云服务的标准化进程。

2009 年 12 月,工业和信息化部软件服务业司、国家标准化管理委员会共同领导成立了全国信息技术标准化技术委员会 SOA 标准工作组。该工作组主要开展我国 SOA(Service-Orient Architecture,面向服务的体系结构)、云计算、中间件等领域的标准制定、修订及应用推广工作。为开展 SOA 与云计算结合的相关技术标准研究工作,SOA 标准工作组成立了云计算研究专题组。该专题组自 2010 年起开始对云计算互操作和可移植、数据中心和设备等技术标准进行研制,具体内容涉及术语和参考模型、弹性计算接口标准、虚拟化资源管理及标准化、云计算管理接口规范等。此外,该专题组还发布了《中国 SOA 最佳应用及云计算融合实践》等与云计算相关的研究报告。

2012 年 9 月,全国信息技术标准化技术委员会成立了云计算标准工作组,该工作组主要负责对云计算领域的基础、技术、产品、安全等国家标准进行制定和修订,旨在发挥政府、企业、高校、科研机构、用户以及中介组织等的作用,协调和调动各方面的资源,推动国内云计算的标准化工作进程,推动我国云计算领域的技术创新和产业发展。该工作组围绕云存储和数据管理、平台即服务、数据中心、云服务及安全、弹性计算等开展多项国家标准研制,构建由框架、关键技术、服务获取与安全管理 4 部分构成的云计算标准体系框架。同时,该工作组还担任联合编辑、联合召集人等职务,同步推动云计算国际标准化工作,向 ISO/IEC JTC1/SC38 提交多篇国际标准贡献物。该工作组已发布的云计算标准包括《信息技术云计算参考架构》(GB/T 32399—2015)、《弹性计算应用接口》(GB/T 31915—2015)等。另外,云计算标准工作组还承担国家发展和改革委员会、财政部及工业和信息化部联合支持的云计算示范工程"云计算公共技术服务平台"项目,建设云计算公共服务平台,开展云计算标准符合性和兼容性测试,为云计算产品厂商提供云计算测试服务。

2. 中国通信标准化协会

中国通信标准化协会(CCSA)于 2002 年 12 月 18 日在北京正式成立。该协会是由国内企事业单位自愿联合组织,并经业务主管部门批准,经国家社团登记管理机关登记,开展通信技术领域标准化活动的非营利性法人社会团体。该协会的最终目标是支撑我国的通信产业,让通信标准研究工作更好地开展,为世界通信作出贡献。

CCSA 由会员大会、理事会、专家咨询委员会、技术管理委员会、若干技术工作委员会及分会、秘书处构成,目前已经有 300 多个企业和研究组织加盟 CCSA。其主要任务是把通信运营企业、研究单位、大学、制造企业等关心标准的企事业单位组织起来,按照公平、公正、公开的原则制定标准,进行标准的协调、把关,把高技术、高水平、高质量的标准推荐给政府,并把具有我国自主知识产权的标准推向世界。CCSA 的技术工作委员会下设了若干个工作组,各工作组又下设若干个子工作组和项目组。

目前,CCSA 已经发布了多个专门针对云计算安全的标准。例如,在 2014 年 10 月发布的《云运维管理接口技术要求》中规定了云运维支撑系统与云资源管理平台、云服务支撑系统之间的接口,包括接口功能、协议和信息模型,以支持云运营支撑系统实现云资源运维管理、云服务保障管理、云服务开通管理、特定云服务运维管理以及云合作运维管理等。再如,2015 年 4 月 CCSA 发布的《云计算基础设施即服务(IaaS)功能要求》中规定了云计算 IaaS 服务种类和服务模式、功能架构和功能需求、接口和安全要求以及关键业务流程。另外,CCSA 还开展了多个云计算标准项目的研究,例如《2014B49:基于公众网络的高速视频云应用平台的研究》《2012-2244T-YD:云计算平台即服务(PaaS)功能要求与架构》《2013B17:具有快速响应需求的交互式云应用》等。此外,CCSA 还针对政务云开展了《基于云计算的电子政务公共平台安全服务安全要求》《基于云计算的电子政务公共平台技术功能和性能评测技术要求》《基于云计算的电子政务公开平台总体顶层设计导则》《基于云计算的电子政务公共平台总体服务建设实施规范》等多个标准的课题研究,主要包括总体类、技术类、服务类、安全类以及管理类五大系列标准。

3. 全国信息安全标准化技术委员会

全国信息安全标准化技术委员会成立于 2002 年 4 月,是信息安全技术专业领域从事信息安全标准化工作的技术工作组织。全国信息安全标准化技术委员会以专家为主体组成,其下分设了 WG1(信息安全标准体系与协调工作组)、WG2(涉密信息系统安全保密标准工作组)、WG3(密码技术标准工作组)等多个工作组。全国信息安全标准化技术委员会负责组织开展与国内信息安全有关的标准化技术工作,其工作范围覆盖了安全技术、安全服务、安全评估、安全管理、安全机制等领域。随着新技术和新应用的兴起及快速发展,其工作重心逐渐向应用和服务安全标准转移,在云计算、物联网、移动互联网、智慧城市、工业控制系统等领域都已经开展了国家标准化工作,并形成了阶段性的标准化工作成果。目前,全国信息安全标准化技术委员会承担了多项云计算安全相关项目,其下设的工作组开展了《云计算安全参考架构》《信息安全技术 云计算数据中心安全建设指南》《信息安全技术 公有云安全指南》《云计算安全及标准研究报告》等多个专门针对云计算安全的标准的课题研究。

4. 公安部信息安全等级保护评估中心

公安部于 1997 年建立了公安部信息安全等级保护评估中心,该中心是公安部承担或参与国家标准、行业标准的制定、修订和标准验证的机构,不仅承担标准方面的工作,还包括以下工作:对国内生产和销售的计算机信息系统安全产品、在国内销售的国外计算机信息系统安全产品进行质量监督检测,主要内容包括产品质量检测、鉴定检验、监督抽查检验、委托检测以及仲裁检测;对国内的网络信息安全系统进行安全及风险评估等。目前,公安部信息安全等级保护评估中心已经牵头起草了多项云计算安全的相关标准,其宗旨是加强网络信息系统安全专用产品的管理,保证安全专用产品的安全功能,维护网络信息系统的安全。

3.2　云计算安全管理工作

近几年,作为第三次 IT 浪潮代表的云计算技术在全球范围内掀起了一股热潮,各国政府及 IT 公司纷纷投入到云计算技术的研发和应用中来。云计算的发展改变了人类的生活、生产以及商业模式,例如,企业只需要申请账号并按需付费,就可以使用云服务,不再需要自建数据中心等。云计算不断地发展和普及,随之而来的还有全新的网络威胁、数据泄露等风险。各国产业界和学术界的科研工作者都加紧开展对云安全管理的深入研究,多数云服务提供商也部署了安全管理措施来保障云平台的安全性,例如 Google 公司在云安全方面实现了可信云安全的接入服务管理、可信云安全产品管理、可信云安全企业自管理等。作为国际上具有代表性的信息安全管理体系标准,信息安全体系标准 ISO/IEC 27001 已经获得世界各国政府、证券、银行、保险公司、网络公司以及许多跨国公司的广泛认可。CSA 提出的云控制矩阵(Cloud Controls Matrix,CCM)在 ISO/IEC 27001 的基础上结合云计算的特点,制定了云计算安全管理的要求,CCM 还提供了基本的安全原则以及多个域的控制措施,指导云服务提供商和云客户评估云服务提供商提供的整个云计算的安全风险,现已成为业界公认的安全标准和法规。通过云计算安全管理体系的建立、运行和改进,可以进一步规范企业的云计算安全管理工作,确保企业云服务的安全。

云计算在安全管理方面仍然面临着很多挑战。例如,在管理权方面,云计算环境下用户将他们的应用系统和数据都迁移到了云端,交由云服务提供商管理,在这种云计算数据管理权与所有权相分离的情况下,是否应该给云服务提供商提供一些具有高级权限的管理是一个值得考虑的问题;在监管方面,云计算环境具有高度虚拟化、动态性、复杂性、海量数据等特性,这些特性给云计算的安全监管带来了巨大挑战;在审计取证方面,云计算环境具有大数据量、边界模糊、复用资源环境等特征,因此云服务提供商的安全审计工作面临着很大的挑战,取证工作难度很大,同时云计算的安全运维比起传统信息系统所面临的运维管理更具有难度和挑战性。

在云计算安全管理方面有几个重要的领域,分别是云计算风险管理、云计算安全基线管理以及云计算应急响应管理。这几个领域对于保证云计算中心的安全性以及可持续性有着很重要的意义。下面分别对其进行介绍。

1. 云计算风险管理

基于云计算的风险管理是建立云计算安全管理体系的前提,同时也是确定用户安全需求最主要的途径之一,它主要是围绕云计算的风险开展评估、处理以及控制活动,是云计算管理的重要内容。

云计算中的风险管理需要对云计算中的风险进行辨别,评估风险出现的概率以及产生的影响,然后建立一个规划来管理风险。云服务提供商在对云计算进行安全管理时,要根据云计算信息系统的重要性以及面临的风险大小等因素来综合平衡风险成本,确定云计算安全体系中的各种安全风险等级,选择合适的云安全解决方案,避免出现"过保护"和"欠保护"的现象。

在云计算环境下,进行风险管理的主要目标就是预防风险,通过对云计算进行风险评估,云服务提供商可以系统、全面地掌握当前云计算的安全状况,找出潜在的安全风险,并对其进行合理分析,判断风险的严重性和影响程度,从而更好地确定自身在云计算安全建设方面的需求。同时,云服务提供商也可以依据风险评估内容与结果来确定最终对信息资产的保护措施以及控制方式,根据自身的弱点、各种资产面临的安全威胁等确定具体的安全需求。

2. 云计算安全基线管理

为保证信息系统的稳定运行,管理人员需要在云计算业务系统的整个生命周期的各个环节对网上的设备以及系统安全配置进行定期检查,其遵守的最低安全标准就是安全基线。安全基线是信息系统所需满足的最基本的安全要求。针对云计算信息系统建立安全基线是保障云计算信息系统安全运行的必要步骤,云计算信息系统网络结构复杂,服务器种类繁多,运维人员容易发生误操作或采用初始系统设置而忽略对安全控制的要求,从而给信息系统造成极大的影响。建立安全基线可以防止上述状况的发生。

安全基线模型以业务系统为核心,分为业务层、功能架构层以及业务实现层。其中,业务层主要根据不同业务系统的特性定义不同安全防护要求;功能架构层将业务系统分解为对应的应用系统、网络设备、数据库、安全设备等不同设备和系统模块,这些模块将业务层定义的安全防护要求细化为该层不同模块所应该具备的要求,例如将安全防护要求细化成为 Windows 安全基线、路由器安全基线等可执行和实现的要求;业务实现层根据业务系统的特性,将功能架构层的各个模块进一步分解,例如,将网络设备模块分解为路由器、交换机等系统模块。

以上介绍了安全基线模型的构成。下面结合实例分析安全基线模型如何应用于云计算中心。

云计算中心需要通过互联网的接口为互联网用户提供服务,而这些互联网的接口会受到互联网中各种蠕虫的攻击威胁。因此,云计算安全基线模型在业务层定义了需要防范蠕虫攻击的要求;在功能架构层将蠕虫攻击的防护要求细化为操作系统、网络设备、网络架构以及安全设备等模块所对应的安全防护要求;在业务实现层针对各种不同的安全威胁以及功能架构层中的不同模块制定可执行和实现的要求,例如,针对不同类型的蠕虫病毒威胁,在 Windows、Linux 等不同操作系统里定义不同的具体防范要求。

云计算信息系统中的安全基线设计范围广泛,整个过程贯穿于信息系统的全部生命周期,是一个很复杂的系统工程,因此需要结合信息系统的风险评估报告做好安全基线建立、落实以及管理过程的规划,考虑好如何规划及动态覆盖到云计算环境中业务和操作的各种安全行为。

3. 云计算应急响应管理

应急响应指的是云计算信息系统在受到攻击时如何在安全策略的指导下及时发现问题并迅速响应,这是保障云计算信息系统安全的重点。P2DR(Policy,Protection,Detection,Response)模型是目前国内外信息系统中应用最广泛的动态安全模型,该模型是以安全策略为中心的动态自适应网络安全模型。根据 P2DR 模型构筑的网络安全体系能够在统一安全策略(Policy)的控制和指导下,综合运用防火墙、身份认证等防护(Protection)工具,并利用漏洞评估、入侵检测系统等检测(Detection)工具来了解和判断网络系统的安全状态,通过适当的响应(Response)措施来降低网络系统面临的安全风险。防护、检测和响应组成了一个完整的动态安全循环,如图 3-1 所示。

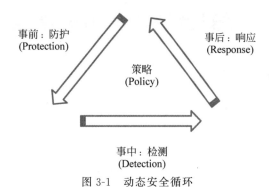

图 3-1 动态安全循环

结合 P2DR 模型,可以将云计算安全事件处理分为事前、事中以及事后 3 个阶段:

(1)事前。明确边界并划分安全区域,将要保护的资源与攻击者隔离开,做好安全保护工作。

(2)事中。应进行动态监控,在边界内要注意用户的异常行为,在边界外要观察攻击者的动向,抓住非法入侵系统的攻击者、

(3)事后。应该取证以追究责任人,通过追查入侵者进入的途径,找出系统防护体系以及监控体系的漏洞,避免让入侵者再次进入。

以上分析的是云计算安全管理的 3 个重要领域,由此可见,云计算安全管理体系的建立是一项系统工程。一般而言,整个云计算安全管理实施的周期分为 4 个阶段,分别是准备阶段、风险评估阶段、云计算安全管理系统文件建立阶段以及云计算安全管理体系运行和完善阶段:

（1）准备阶段。该阶段的主要任务是建立云计算安全组织机构，进行云计算安全相关培训，识别云计算安全现状与标准之间的差距，并制订详细的实施计划，明确云安全管理工作实施不同阶段的工作职责和工作任务。

（2）风险评估阶段。确定风险评估方法，包括确定风险接受准则等，要针对各个关键业务过程识别并建立重要的云计算信息资产清单，并对识别出的关键信息资产进行风险评估，根据资产的主要威胁、脆弱性以及有关的影响程度制订风险处理计划。

（3）云计算安全管理体系文件建立阶段。根据差距分析和风险评估结果建立公司的云计算安全管理体系文件，且需要在建立文件的时候考虑融合其他管理体系（例如 ISO/IEC 27001 等）。该体系文件一般分为 4 个层次：第一层文件包括云计算安全管理方针、云计算安全管理范围、云计算安全管理手册以及适用性申明等方面的文件，第二层文件是描述过程的程序文件，第三层文件是为组织活动提供指导的作业指导书，第四层文件是符合 CCM 条款和 ISMS（Information Security Management System，信息安全管理体系）的记录文件。

（4）云计算安全管理体系运行和完善阶段。试运行已经建立的云计算安全管理体系，检验体系的适合性和有效性，对存在问题的部分进一步加以完善。

在整个云计算安全管理实施周期中，风险评估和体系文件建立这两个阶段最为重要，其中风险评估是云计算安全管理体系建立的基础，也是体系文件运行的依据。

3.3　云计算安全评估及相关模型

3.3.1　云计算安全评估概述

信息安全风险评估是指根据有关信息安全技术和管理标准，对信息系统及其处理、传输和存储的信息的机密性、完整性以及可用性等安全属性进行评估的过程。由于云计算中数据的处理、传输和存储都依赖于互联网和相应的云计算平台，数据的流动性对用户而言是不可见的，因此传统的信息安全风险评估方法在云计算环境下并不适用，云计算环境需要有一套相应的度量指标和评估方法。

根据评估对象的实际情况，云计算系统安全风险评估的流程一般如图 3-2 所示。在云计算环境下，由于云计算侧重于服务，更多地依赖于网络，其安全性会受到云计算平台和网络状况的影响，因此云计算安全风险评估一般是从存储、计算和网络这 3 个方面给出：存储服务一般是通过建立分布式的存储中心来实现基于网络的高效分布式存储，因此在进行安全风险评估的时候要考虑数据的安全性，包括数据的加密手段、数据存储的备份手段以及数据分散情况等；计算服务一般是通过租赁计算设备或借助统一平台来实现的，因此在对计算服务进行安全风险评估时，需要考虑租赁计算设备的运行可靠性，以及统一平台的数据加密方式、是否允许特权用户访问等安全问题；网络服务的安全风险评估则应考虑网络基础设施的运营情况，以及是否备份了多个网络接入设备，是否能满足计算和存储需要等问题。

结合传统的安全风险评估方法，针对不同云计算服务的安全评估方法可以从资产识

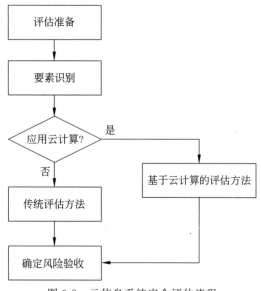

图 3-2　云信息系统安全评估流程

别、威胁识别、脆弱性识别和赋值、风险评估和分析这 4 个方面给出。下面对这几个方面进行介绍。

（1）资产识别。包括资产分类和资产赋值。其中，资产分类是指对文档信息、软件信息、云存储设施等所有的云计算平台资源进行列表；而资产赋值指的是根据列表中各种资产在待评估的信息系统里的重要程度，采取等级评定的方法对资产进行赋值，通常将资产的机密性、完整性和可用性这 3 个属性划分为 5 个等级，分别用 5、4、3、2、1 来表示很高、高、中等、低和很低。

（2）威胁识别。包括威胁分类和威胁赋值。其中，威胁分类指的是根据相关报道或渗透检测工具对可能存在的安全威胁进行分类；威胁赋值即根据威胁发生的频率进行赋值。

（3）脆弱性识别和赋值。包括脆弱性识别和脆弱性赋值。其中，脆弱性识别指的是对于不同的云计算平台以及不同的基础架构，根据其规模、计算平台的可审查性、数据隔离措施、数据位置、数据恢复措施、是否允许特权用户的接入等特性来识别可能引起安全事故的脆弱性；脆弱性赋值指的是对于一个给定的脆弱性，通常用 0 和 1 来表示其不存在或存在。

（4）风险评估和分析。即分析威胁和脆弱性的关联关系，得到安全事件发生的可能性。在进行风险评估和分析时，首先要确定哪些资产受到了影响，然后计算安全事件发生后的损失。

风险的级别是根据事件发生的可能性和造成损失的大小来评估的。事件发生的可能性指的是攻击者利用漏洞成功实施攻击的概率。每个事件发生的可能性和业务上造成的损失是由参与评估的专家小组根据经验共同给出的。

在云计算的安全风险评估中，不仅要比较和分析存储在不同位置的数据的风险，还要比较和分析存储在自己可控范围内的数据的风险。另外,合规性也是风险评估的一个方面,例如,用户在工作中给其他人发送电子文档时必须遵守存储在云中的电子文档的安全规范。云计算的安全风险一般会随着云架构的不同而发生较大的变化,同时风险还与云服务的价格有关。

为了评价国内组织的云安全管理能力成熟度,赛宝认证中心与云安全联盟(CSA)针对我国云计算环境推出了 C-STAR 评估业务,并在信息安全工程能力成熟度模型(SSE-CMM)的基础上,结合 C-STAR 云安全管理评估自身的特点,开发了 STAR 云安全管理能力成熟度模型。下面简要介绍 SSE-CMM 信息安全工程能力成熟度模型以及 C-STAR 云安全管理能力成熟度模型。

3.3.2　SSE-CMM 模型

SSE-CMM 模型将系统安全工程划分为 3 个可以独立加以考虑的基本过程,分别是风险过程、工程过程以及保证过程,如图 3-3 所示。这 3 个过程共同实现了安全工程过程结果所要达到的安全目标。具体来说,在最简单的级别上,这 3 个过程的关系是:风险过程识别出所开发的产品或系统的危险性并对这些危险性进行优先级排序;针对风险过程得出的危险性所面临的问题,工程过程将会与其他工程一起来确定和实施解决方案;最后,保证过程将建立解决方案的可信任度并向顾客传达这种信任。

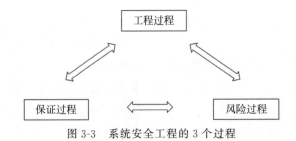

图 3-3　系统安全工程的 3 个过程

SSE-CMM 是安全工程实施的标准度量标准,它汇集了工业界常见的实施方法,其内容覆盖了以下方面:

(1) 整个生命周期,包括开发、运行、维护和终止、

(2) 整个组织,包括其中的管理、组织和工程活动、

(3) 与其他规范并行的相互作用,包括系统、硬件、软件、测试工程、系统管理、运行和维护等。

(4) 与其他机构的相互作用,包括获取、系统管理、认证、认可和评价等。

SSE-CMM 的模型包含域和能力这两个维度。其中,域维由所有定义安全工程的过程域构成;能力维则由过程管理和制度化能力构成,代表组织能力。在 SSE-CMM 模型中包含了对模型原理和体系结构的全面描述、对模型的高层描述、在该模型中的实施以及对模型属性的描述等。

SSE-CMM 包含了 5 个能力级别。其中,能力级别 1 是非正式级,该级别着重于一个组织或项目执行了包含基本实施的过程;能力级别 2 是计划和跟踪级,该级别着重于项目层面的定义、计划和执行问题；能力级别 3 是充分定义级，该级别着重于规范化地裁剪组织层面的过程定义；能力级别 4 是量化控制级，该级别着重于与组织业务目标紧密联系在一起的测量；能力级别 5 是连续改进级，该级别从前面各级的所有管理活动中获得发展的力量，并通过加强组织文化来保持这个力量。

3.3.3　C-STAR 模型

C-STAR 云安全管理能力成熟度模型用于评价组织的云安全管理能力成熟度，该模型可以评估被评估方的云安全管理能力，并且能为被评估方的云安全管理体系的改进提供方向和指引。C-STAR 评估项目采用中立性评估模式，对云服务安全性开展缜密的第三方独立评估，并充分运用信息安全管理体系标准以及 CSA 云控制矩阵来帮助云服务提供商满足云用户对于云安全性的特定需求。

C-STAR 的评估一般从以下方面展开：应用和接口安全、电子证据及云端调查取证、业务连续性管理和操作弹性、变更控制和配置管理、人力资源、数据安全和信息生命周期管理、数据中心安全、加密和密钥管理、审计保证及合规性、治理和风险管理、基础设施和虚拟化安全、互操作性和可移植性、移动安全、安全事件管理、供应链管理、透明性及责任、身份识别和访问管理、威胁和脆弱性管理。

应用 C-STAR 模型判定某项控制措施在对应控制域中所处的能力级别的流程如下：分析各条控制措施及与之关联的管理过程中的管理、测量和制度化，判定其表现出的特征是否满足某一能力级别要求，如果满足，则可判定其处于该能力级别。

依据 GB/T 20274.3—2008《信息安全技术　信息系统安全保障评估框架》第 3 部分：管理保障以及 SSE-CMM 信息安全工程师能力成熟度模型，并且结合 C-STAR 云安全管理评估自身的特点，C-STAR 云安全管理能力成熟度可以划分为以下几个级别：

能力级别 0：未实施。该级别的云安全管理控制措施通常不能被成功执行，云安全管理控制措施的工作成果或记录无法证明云安全管理控制措施基本执行。

能力级别 1：基本执行。该级别的云安全管理控制措施基本被执行，但控制措施的执行可能未经过严格的计划和跟踪，其执行依赖于云服务提供商工作人员的个人意识，工作的质量和性能存在着不稳定性以及重复性。

能力级别 2：计划和跟踪。这一级别对云安全管理控制措施进行了良好的规划，建立了覆盖云安全管理的信息安全策略、程序和管理制度、实施手册和指南 3 层信息安全管理体系，注重组织标准管理的制度化。

能力级别 3：充分定义。该级别根据制定的涵盖云安全管理的信息安全管理体系，能够切实进行云安全管理工作，完整实施 CMM 云安全控制矩阵所涵盖的云安全管理体系。该级别的安全管理保障控制措施的实施中有充分定义的管理，注重充分定义的管理的可重复执行。另外，该级别还能够进行包括组内、组间以及与外部组的沟通协调。

能力等级 4：量化控制。该级别能够为组织标准管理保障控制措施的实施效果建立可测量的评价标准，并收集、分析执行的详细记录数据。该级别能适当测量和跟踪管理保障控制措施的实施有效性，在管理与计划间有重大差距时能采取适当的修正措施。

能力等级 5：持续改进。该级别能基于组织的业务目标建立管理有效性和效率的量化执行目标,通过过程执行以及试验性的新概念和新技术产生的量化反馈,实现基于这些目标的持续性过程的改进。

3.4 本章小结

云计算已成为全球 IT 领域关注和投入的重点领域,其安全问题更是成为关注的焦点。为了更好地保障云计算的安全,在实施安全防护技术手段之前,首先需要做好云计算安全标准化制定、确定好如何对云计算进行安全性评估等云安全管理工作。本章从云计算安全标准化、云计算安全管理工作以及云计算安全评估 3 个层面阐述了云计算安全管理方法,结合本章的分析介绍,读者可以在理论上对云计算安全管理有一个基本的认识。

从现有的云计算安全管理相关的标准化情况来看,目前国内外云计算安全相关的标准组织很多,目前已经形成了许多云计算安全标准成果,为云计算提供了安全管理保障。本章分别从国际和国内两个方面介绍了目前已有的云安全标准组织及其安全标准成果。其中,国际的部分介绍了云安全联盟(CSA)、欧洲网络与信息安全局(ENISA)、美国国家标准与技术研究院(NIST)等具有代表性的国际和国外标准组织及其相关工作,国内部分则介绍了全国信息技术标准化技术委员会、全国信息安全标准化技术委员会、CCSA 等国内标准组织及其相关工作。

本章的云计算安全管理工作部分主要从云计算风险管理、云计算安全基线管理以及云计算应急响应管理这 3 个重要的云计算安全管理领域展开介绍,这 3 个领域对于保证云计算中心的安全性及可持续性有着重要的意义。

云计算安全评估是对安全威胁的脆弱性暴露程度进行量化,其评估结果可以帮助用户在选择云服务提供商前根据自己所能承受的风险进行权衡。本章的云计算安全评估部分先对云计算的安全评估进行总体介绍,之后对 SSE-CMM 和 C-STAR 这两个云安全评估模型进行了介绍。

3.5 思考题

(1) 列举云计算安全管理方面的几个重要领域,并简要介绍这几个领域的内容。

(2) 简述云信息系统安全评估的流程。

(3) SSE-CMM 模型将系统安全工程划分成哪 3 个过程?

第 4 章　基础设施安全

4.1　基础设施安全概述

　　基础设施安全是云安全运行的基础,保证了计算机和网络的安全连接。基础设施安全包括计算、网络、存储等云计算资源的安全。物理设施、用户的配置和基础设施组件的实现是云计算中所有内容的基本组成部分。

　　在云计算中,基础设施有两个层面。第一个层面是汇集在一起用来构建云的基础资源,该层面用于构建云资源池的原始、物理和逻辑的计算、网络和存储资源,例如用于创建网络资源池的网络硬件和软件;第二个层面是由云用户管理的虚拟/抽象基础设施,该层面是指云资源池中的计算、网络和存储资源,例如由云用户定义和管理的虚拟网络。

　　计算、网络、存储资源等基础硬件设施的有效利用加快了云计算的发展,而虚拟化技术是云计算实现的关键技术,虚拟化技术包括计算虚拟化、网络虚拟化、存储虚拟化等,虚拟化技术提高了云计算资源的使用效率。然而,由于云计算环境与传统 IT 环境最大的区别是计算、网络和存储环境的虚拟化,所以许多传统安全防护手段无法得到有效执行,进而引起了较难控制的安全问题。因此,云计算环境中的基础设施安全是云安全的重中之重。

4.2　基础设施物理安全

　　强大、可靠的虚拟化和分布式计算技术推动了云计算模式的成功,其依赖于由计算、网络、存储等设备所构成的物理层。通常,云计算基础设施包括从用户桌面到云服务器的实际链路中所涉及的所有相关设备,因此,为实现全天候的可靠性,需要保障基础设施在物理层的安全。在云计算环境的物理安全中,基础设施所面临的安全问题可分为自然因素、运行威胁和人为风险这 3 个方面。接下来分别从这 3 个方面阐述物理安全风险和相应的防护措施。

4.2.1　自然因素

　　自然因素就是自然界中的不可抗力,例如地震、洪水等。自然因素往往难以预测,因此当设备损毁和链路发生故障时,会严重损坏云计算基础设施,同时伴随着用户数据、配置文件的丢失,应用系统在长时间内难以恢复正常运行。为增强云计算基础设施对自然因素的防御能力,可以考虑物理手段和技术手段这两方面。

1. 物理手段

在为云计算中心选址时,可以选择地理环境较好的地区,并且对建筑结构、抗震等级提出一定的要求,以减少或避免自然因素带来的损失;云计算中心还需考虑到基础设施在恶劣天气以及极端情况下的防护能力,例如是否能够有效抵御风暴,是否能够降低低温、高温、潮湿环境带来的影响;对于通信链路的防护,云计算中心可使用加固、深埋的方法来实现。

2. 技术手段

自然因素所造成的基础设施的损坏,很容易使云计算服务出现部分或完全中断的情况,从而造成较为严重的后果。因此,保证业务的连续性显得尤为重要。通过在不同地点建立多个备份和处理中心,可以有效地保证业务的连续性,一旦某个地点的设备发生故障,能够较快恢复服务的正常运行。

4.2.2　运行威胁

运行威胁指云计算基础设施在运行过程中由于直接或间接原因导致的安全问题。运行威胁会使云服务性能下降,甚至造成服务中断和数据丢失,因此,必须采取一定的防护措施来保障云基础设施,从而在物理层面保障云计算中各类资源的安全。接下来主要从能源安全和设备安全两方面考虑运行威胁的防护措施。

1. 能源安全

云计算环境中的能源安全分为能源供应安全和能源消耗安全。

对于能源供应安全问题,电力是所有电子设备运行的必备条件,而在云计算环境中,各类集群规模和业务负载对电力供应的要求各有不同。因此,为保证在意外断电情况下云计算基础设施依旧能够正常运行,云计算中心需根据不同设备的供电需求配备相应的紧急电源和不间断电源系统。其中,紧急电源包括发电机和一些必要装置,不间断电源包括蓄电池和检测设备等。虽然该措施能够有效应对意外断电的情况,但是仍需立即进行电力修复以降低临时能源耗尽所带来的损失。

对于能源消耗安全问题,由于服务器容量较大,集成度较高,云计算环境会消耗大量能源,因此设备和部件温度也会随之上升,从而引发系统性能下降甚至宕机等安全隐患。因此,需要在云计算环境中配备冷却系统,冷却系统需要具备全时、高效、稳定的制冷能力,并且能够在保持室内温湿度均衡的条件下提高能效比,优化电力利用率。除此之外,灰尘也会影响基础设施的能源利用率,因此需对云计算环境实施一定的除尘净化措施。

2. 设备安全

任何系统的运行都会造成设备的损耗,云计算中的磁盘阵列、内存、CPU 的使用寿命是有限的,一旦设备因损耗而发生故障,将会造成业务的中断。特别是云计算中的磁盘阵列长期处于高负荷运行状态,因此需要经常对其进行分布式冗余处理,从而保证数据可以完全恢复。同时,为了能及时处理紧急事件,可根据需要配备一些常用的备件。

4.2.3　人为风险

人为风险主要是指由云服务提供商内部人员或外部其他人员威胁到云计算环境安全的行为对云计算环境造成的风险。由于人为风险一般无法立即被发现,因此需要预先设定一系列防护手段。人为风险可分为员工误操作和恶意攻击。

1. 员工误操作

在云日常管理中,云服务提供商内部人员由于不熟悉操作方法而造成功能误用,进而使云服务提供商或用户数据受到损失。因此,需对员工进行相关技术培训,并建立责任人制度,让员工明白自己每一步操作产生的影响和后果。

2. 恶意攻击

恶意攻击包括物理入侵和技术入侵。物理入侵就是合法或非法人员在云计算基础设施的部署场所进行恶意操作,可使用传统的物理方法进行有效防御,例如门禁、视频监控等,也可配备安全警卫。技术入侵就是利用网络攻击手段入侵系统,从而威胁系统安全。社会工程学攻击是入侵系统成功率较高的一种方法。社会工程学是指攻击者利用人类心理骗取受害人员的信任,在取得信任后请求执行搜集用户信息、了解系统运行状况等操作,从而实现非法、越权操作,进而危害系统安全或造成数据信息泄露。因此,云计算中心需严格执行身份认证等安全策略,以保证系统安全。

4.3　基础设备虚拟化安全

4.3.1　设备虚拟化概述

虚拟化技术是云计算发展的关键。云计算中的虚拟化主要是对云计算环境中资源的逻辑表示。虚拟化为计算资源、存储资源、网络资源等其他资源提供了一个逻辑视图,简化了资源的访问和管理过程。

利用虚拟化技术可以对计算机资源进行抽象整合,它屏蔽了物理硬件的复杂性,仿真、整合或分解了现有的服务功能,同时增加或集合了新的功能。接下来主要介绍网络设备虚拟化技术。

网络设备虚拟化技术的应用可以实现网络资源灵活扩容、按需分配,从而有效提高网络系统可靠性,减少网络故障收敛时间,提高网络资源利用率,简化网络管理。支持虚拟化的网络设备有很多,例如交换机、路由器、防火墙等。常见的网络设备虚拟化技术基本上可以分为 3 类:$N:1$ 虚拟化横向堆叠技术、$N:1$ 虚拟化纵向堆叠技术、$1:N$ 虚拟化。

1. $N:1$ 虚拟化横向堆叠技术

横向堆叠技术通常指的是把多个同一类型的设备通过特定的链路连接起来,在逻辑上作为一个设备使用。横向堆叠的网络架构与传统的网络架构相比具有以下 4 个优势:

（1）简化了协议配置。

使用虚拟化技术后，多个成员设备在逻辑上成为一个设备，从而简化了设备管理，管理员对虚拟的逻辑设备管理进行配置即可，并且在配置文件中取消了单一网关的使用，因此无须配置多个 IP 地址。

（2）避免环路的出现。

虚拟化技术使多个设备在逻辑上成为一个设备，避免了逻辑环路的出现，并且不再使用生成树协议和虚拟路由冗余协议（Virtual Router Redundancy Protocol，VRRP），而是使用跨设备的链路聚合。

（3）提高了网络资源利用率。

通过分布式跨设备链路聚合技术，使多条上行链路可以分担负载和互为备份。

（4）提高了网络系统可靠性。

堆叠系统中的物理设备通过协议互为备份，当一个成员物理设备发生故障时，业务可以快速恢复，从而有效减少网络故障带来的损失。

横向堆叠技术的主要代表有 H3C 公司的 IRF 2.0 技术、Cisco 公司的 VSS 技术、华为公司的 CSS 技术、Juniper 公司的 Virtual Chassis 技术等。

2. $N:1$ 虚拟化纵向堆叠技术

与横向堆叠技术相比，纵向堆叠技术不是对相同角色的设备进行堆叠，而是对在逻辑上不同位置的设备进行堆叠，例如对核心层的设备和接入层的设备进行堆叠等，从而在纵向上形成一个逻辑设备。

纵向堆叠技术按照设备角色可以分为控制设备和纵向扩展设备。控制设备也称控制桥（Controlling Bridge，CB），一般情况下 CB 相当于 CPU，集中控制和管理虚拟设备，PE 在逻辑上是一块远程接口板，也被称为端口扩展器（Port Extender，PE），相当于扩展 I/O 接口，在堆叠系统中由 CB 对其进行集中控制管理。纵向堆叠技术具有以下 3 个优势：

（1）多级可靠性。

第一级使服务器跨 PE 冗余接入，第二级使 PE 能够跨板甚至跨框聚合接入 CB，从而实现了网络冗余的多级可靠性。

（2）可扩展性。

纵向堆叠技术的可扩展性体现在两个方面，分别是 CB 可扩展性和 PE 可扩展性。其中 CB 可扩展性指 CB 通过横向堆叠的方式扩展，PE 可扩展性指 PE 可以根据需要接入纵向堆叠系统，从而可以使用不同设备的组合进行网络设备的扩容。

（3）保护用户投资。

PE 设备支持的交换模式是标准交换模式和纵向堆叠 PE 模式，可通过命令行或者网管程序进行切换。其中纵向堆叠 PE 模式支持即插即用。用户可根据自身网络系统建设的需要选择交换模式，从而有效地保护用户投资。

纵向堆叠技术主要有 H3C 公司私有的 IRF 3.0、Cisco 公司私有的 FEX 等。公有技术有 IEEE 802.1BR，通过使用 PE 形成一个端口数目较大的网络设备。

3. 1∶N 虚拟化

1∶N 虚拟化技术将一台物理设备虚拟为多台独立的逻辑设备,并且各逻辑设备均独占硬件资源。1∶N 虚拟化技术具有以下 3 个优势:

(1) 管理平面隔离。

在管理平面,每一个逻辑设备为一个独立设备,并具有单独的配置文件,能够独立进行逻辑设备的重启和加载配置。对于网管系统,通过对每一个逻辑设备进行标记,从而实现各逻辑设备网管信息的处理。对于用户,可通过专有命令直接登录逻辑设备进行配置以及使用各种管理功能。

(2) 数据平面隔离。

每个逻辑设备数据平面独立,使用支撑自身系统运行的硬件和软件资源,包括独立的接口、CPU 等。

(3) 故障隔离。

所有逻辑设备都有独立的进程和独立的网络转发数据,因此,通过合理的资源分配,可以有独立的转发芯片资源和 CPU 资源。一旦某一逻辑设备发生故障,可以将故障控制在本逻辑设备内而不影响其他的逻辑设备,从而实现故障隔离。

1∶N 虚拟化技术主要有 H3C 公司的 MDC 技术、Cisco 公司的 VDC 技术等。

4.3.2　虚拟设备的挑战

在云计算环境中,由于物理设备无法插入,所以除了使用云服务提供商提供的设备资源之外,如果仍然需要增加设备,就必须使用虚拟设备来替代,这也给云计算的发展带来了安全挑战。

(1) 虚拟设备可能占用大量的资源,并且有可能通过增加成本来满足所需的网络性能要求。

(2) 虚拟设备在使用过程中应该支持自动缩放以匹配它们所保护的资源弹性。如果云服务提供商无法根据产品类型提供与自动缩放相兼容的弹性许可证支持,就可能导致一系列的安全问题。

(3) 虚拟设备需要考虑到在云中的操作以及实例在不同地理区域和可用区域之间的移动能力。由于云网络的变化速度快于物理网络,因此需要设计特定的工具来有效地处理这一重要差异。

(4) 在云计算环境下,为了提高弹性,云应用程序组件趋向于分布式。同时由于虚拟设备的自动缩放能力,虚拟服务器使用寿命更短、数量更多。针对这一改变就要设计相应的安全策略,一方面安全工具必须能够管理更高的虚拟设备变化率,另一方面安全工具还需要考虑到云中的 IP 地址改变速度将明显快于传统网络。云资产不太可能使用静态 IP 地址,不同云的云资产可以在短时间内共享相同的 IP 地址。必须修改告警和事件响应生命周期,以确保告警在这种动态环境中是可操作的。单个应用程序层中的资产常常位于多个子网上以提高弹性,从而使基于 IP 的安全策略更加复杂。

4.4 本章小结

基础设施安全是云安全的基础,只有在基础设施层面保障云计算资源的安全,才能为上层应用的可靠运行提供底层保障。本章首先介绍了云计算基础设施的基本概念,从而引出了基础设施安全在云计算中的重要性;其次阐述了基础设施在物理层面的安全威胁以及防护措施,包括自然因素、运行威胁和人为风险这3个方面;最后介绍了基础设备虚拟化安全的基本概念以及虚拟化设备所面临的挑战。

本章在介绍基础设备虚拟化安全时侧重介绍了网络设备虚拟化技术,包括设备虚拟化特点、虚拟化对象以及常见设备虚拟化技术。常见网络设备虚拟化技术分别是 $N:1$ 虚拟化横向堆叠技术、$N:1$ 虚拟化纵向堆叠技术和 $1:N$ 虚拟化,并分析了虚拟设备带来的安全挑战以及应对措施。

4.5 思考题

(1)基础设施在物理层面所面临的安全问题可以分为哪3类?

(2)基础设施所面临的运行威胁包括哪两个方面?分别阐述应对措施。

(3)网络设备虚拟化技术可分为哪3类?分别进行阐述。

(4)纵向堆叠技术具有哪3个优势?给出3个具有代表性的纵向堆叠技术。

(5)简述虚拟设备带来的4个安全挑战。

第5章

Hypervisor 安全

5.1 Hypervisor 安全概述

Hypervisor 又称虚拟机监视器(Virtual Machine Monitor,VMM),是虚拟化的重要组成部分。Hypervisor 是运行在基础物理服务器和操作系统之间的中间软件层,支持多个操作系统和应用共享一套基础物理硬件。Hypervisor 可以看作虚拟环境中的元(meta)操作系统,能够协调对服务器上的所有物理设备和虚拟机的访问,并且可以非中断地支持多工作负载迁移。Hypervisor 提供虚拟机之间的隔离技术,从而使得这些虚拟机可以彼此独立运行,而且可以运行不同的操作系统。Hypervisor 还提供多租户的功能,从而简化了虚拟机的创建和管理。

常用的硬件虚拟化架构如图 5-1 所示。在此架构中,Hypervisor 的作用是提供平台虚拟化。其中,平台虚拟化是通过某种方式隐藏底层物理硬件的过程,从而让多个操作系统可以透明地使用和共享它。

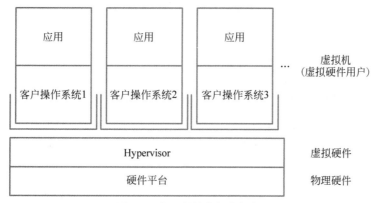

图 5-1　常用硬件虚拟化架构

Hypervisor 的构成如图 5-2 所示。可以看出,Hypervisor 需要一些用于启动客户操作系统的设施,包括需要驱动的内核映射、配置(例如 IP 地址和所需的内存容量)、磁盘以及网络设备,还需要一组用于管理客户操作系统的工具。其中,磁盘和网络设备通常映射到计算机器的物理磁盘和网络设备。

Hypervisor 需要一组用于管理客户操作系统的工具,从而使客户操作系统可以和宿主操作系统同时运行。实现这个功能需要一些特定的要素,如图 5-3 所示。这些要素包括:将用户应用程序和内核函数连接起来的系统调用,通常一个可用的虚拟化调用层能

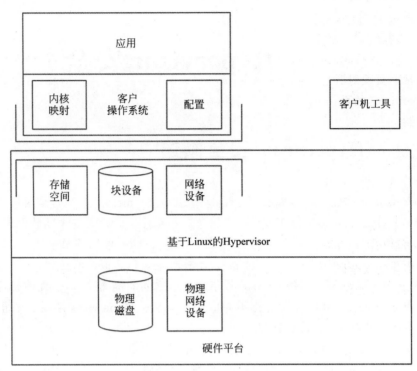

图 5-2 Hypervisor 的构成

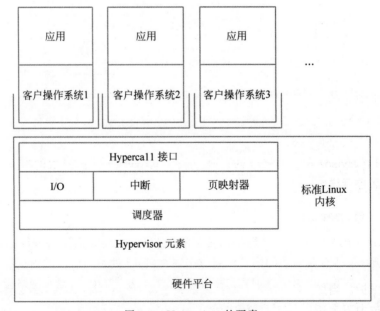

图 5-3 Hypervisor 的要素

够允许客户操作系统向宿主操作系统发出请求,例如 Hypercall,即 Hypervisor 对操作系统进行的系统调用;可以在内核中虚拟化 I/O,或通过客户操作系统的代码支持它。Hypercall 的添加是与内核相关的,所以必须修改内核代码;故障必须由 Hypervisor 来处理,或将虚拟设备故障发送给客户操作系统;Hypervisor 必须处理在客户操作系统内部发生的异常。页映射器是 Hypervisor 的核心要素之一,它将硬件指向特定操作系统(客户或 Hypervisor)的页;通过一个高级别的调度器在 Hypervisor 和客户操作系统之间进行传输控制。

根据运行位置的不同,可以将 Hypervisor 分成两类:第一类是裸机型,直接运行在物理硬件上,例如基于内核的虚拟机(Kernel-based Virtual Machine,KVM);第二类是主机托管型,运行在具有虚拟化功能的操作系统上,例如 QEMU 和 WINE。

Hypervisor 不仅协调硬件资源的访问,而且在各个虚拟机之间施加防护。当服务器启动并执行 Hypervisor 时,它会加载所有虚拟机客户端的操作系统,同时会分配给每一台虚拟机适量的内存、CPU、网络和磁盘资源。Hypervisor 的安全性至关重要,因此大部分针对虚拟化的安全研究都是以 Hypervisor 可信为前提的。但是,Hypervisor 并非完全可信,由于其本身的代码量巨大,功能结构复杂,因此存在着许多已知和未知的安全漏洞。

目前已发现 CNware、FusionSphere、CAS 等主流的虚拟化软件都有十多种安全漏洞。另外,针对 Hypervisor 的恶意攻击也层出不穷,例如虚拟机跳跃、虚拟机移植攻击、虚拟机逃逸等。Hypervisor 上承载着大量的虚拟机,一旦被攻陷,则会使得所有受 Hypervisor 管辖的虚拟机都可能遭受非授权访问,严重危害 Hypervisor 本身以及各租户的安全。因此,保障 Hypervisor 的安全是增强虚拟化平台安全性的重要内容。

5.2　Hypervisor 安全保障

维护 Hypervisor 安全是每个数据中心的首要任务。因为一台单主机服务器可能要处理几十个虚拟化的工作负载。单主机上的安全漏洞可能导致断电。不幸的是,目前还没有一个独立的、综合的安全解决方案可以确保数据中心的安全。因此,要保证 Hypervisor 的高安全性,需要从多方面考虑。针对 Hypervisor 的安全保障主要分为两个方面,包括 Hypervisor 自身安全性的提高以及 Hypervisor 防护能力的提高。接下来将对这两个方面进行详细介绍。

5.2.1　Hypervisor 安全性

为提高 Hypervisor 的安全性和可信性,在 Hypervisor 自身的安全保障方面,应该建立轻量级 Hypervisor,并采用可信计算技术中的完整性度量和完整性验证对 Hypervisor 进行完整性保护。当然,这两个方面在技术实现上都存在着一定的难度,在大规模的虚拟化部署和防护中不太适用。下面对这两方面进行介绍。

1. 建立轻量级 Hypervisor

随着 Hypervisor 功能的增加,其本身的代码量越来越大,结构越来越复杂,体积也越来越大,这些都降低了 Hypervisor 的可信性。而作为虚拟化体系中上层虚拟机应用程序重要组成部分的可信计算基(Trusted Computing Base,TCB),如果 Hypervisor 的可信性无法得到保证,那么应用程序运行环境的安全性将无法得到保证。为了解决这个问题,近年来虚拟化研究领域的专家学者致力于轻量级 Hypervisor 的构建,并取得了许多研究成果。构建轻量级的 Hypervisor,主要是通过减小可信计算基来实现,这种方法借鉴了微内核的思想,在最小程度上控制了 Hypervisor 的攻击面。TCB 指的是构成通用安全计算机系统所有安全保护装置的组合体。TCB 也叫作安全子系统,它包含了操作系统的安全内核、处理敏感信息的程序、实施安全策略的软件和硬件、具有特权的程序和命令、负责系统管理的人员等,其自身具有高度的可靠性,可以为整个系统提供安全保障,是上层应用程序安全运行的基础性保证。但是,随着 TCB 代码量越来越大,功能和结构越来越复杂,其存在安全漏洞的可能性也就越来越大,这样它自身的可靠性就无法得到保障,因此要尽量减小 TCB。由此可见,设计轻量级 Hypervisor 时,应尽量降低实现的复杂度,使其尽可能简单,保证其只实现底层硬件抽象接口的功能,这样才能更容易保证 Hypervisor 自身的安全性和可信性。

要构建轻量级 Hypervisor,可以采用轻量的虚拟化架构,为具有较高安全需求的虚拟机应用提供更好的隔离性,也可以通过简化功能来解决 Hypervisor 代码量巨大的问题,另外,还应该提升虚拟机中 I/O 操作的安全性。目前,构建轻量级 Hypervisor 的方法主要是:构建专用 Hypervisor,或者将 Hypervisor 的管理功能和安全功能分开,以减小 Hypervisor 的大小。但是,如何在功能分离开后仍保持 Hypervisor 的特性和功能,仍然是专家学者正在进一步研究的一个难点。

2. 保护 Hypervisor 的完整性

Hypervisor 的完整性保护包括完整性度量和完整性验证这两个部分。其中,完整性度量从计算机系统的一个名为可信度量根的硬件安全芯片开始,到硬件平台,再到操作系统,最后到应用,在程序执行之前,由前一个程序来度量该级程序的完整性,并将度量的结果通过可信平台模块(Trusted Platform Module,TPM)提供的扩展操作记录到 TPM 的平台配置寄存器中,最终构建一条可信启动的信任链。完整性验证是对完整性度量报告进行数字签名后发送给远程验证方,再由远程验证方来判断该 Hypervisor 是否安全可行。

目前,对 Hypervisor 完整性保护的研究有很多,比较典型的成果有:Hypervisor 提供运行时控制流完整性保证,阻止恶意软件在 Hypervisor 运行过程中执行的 Hypersafe 架构,采用独立于 Hypervisor 的软件组秘密对 Hypervisor 进行实时完整性度量的 HyperSentry 架构,基于硬件辅助的用于保证 Hypervisor 完整性的探测篡改框架 HyperCheck,等等。这些方法目前是比较流行的,因为它们不仅部署容易,而且不影响 Hypervisor 的任何能力。

5.2.2 Hypervisor 防御方法

为保护 Hypervisor 的安全,既要提高 Hypervisor 自身的安全性,又要增强

Hypervisor 的防御能力。常见的集中防御方法包括合理分配主机资源、扩大 Hypervisor 的安全范围至远程控制台、安装虚拟防火墙以及限制用户特权等,下面对这几种防御方法进行介绍。

1. 合理分配主机资源

如果物理主机没有采取相应的措施对主机资源的使用情况进行管理,那么,由于在默认条件下,所有虚拟机对物理主机提供的资源都有同样的使用权利,因此可能会有恶意攻击者利用这一点发起类似于物理服务器的拒绝服务攻击,恶意的虚拟机会占据主机的有限资源,从而导致其他虚拟机因资源匮乏而崩溃,运行在这些虚拟机上的服务也被迫中断。由此可见,Hypervisor 应该采取合理的措施对主机资源进行分配和控制。具体来说,可以采取限制、预约等机制,让重要的虚拟机能够优先访问主机资源。另外,还可以划分主机资源并隔离成不同的资源池,然后将其上的虚拟机分配到不同的资源池中,并规定每台虚拟机只能使用其在资源池中分配到的资源,这样可以有效降低恶意虚拟机占据主机所有资源而引起虚拟机拒绝服务的风险。

2. 扩大 Hypervisor 安全范围至远程控制台

虚拟机的远程控制台可以使用远程访问技术来启用、禁用和配置虚拟机,因此,一旦虚拟机的远程控制台配置不当,就会给 Hypervisor 带来很大的安全隐患。例如,虚拟机的远程控制台往往允许多人同时连接,如果一个具有较高权限的用户先登录了远程控制台,随后一个具有较低权限的用户也登录了远程控制台,那么后者就可以获得第一个用户所具备的较高权限,从而导致越权访问。另外,用户可以在本地计算机操作系统和远程虚拟机操作系统之间进行内容的复制和粘贴,这样,所有通过远程控制台连接到虚拟机的用户都可以使用剪贴板上的信息,从而造成信息泄露。

为了规避上述风险,必须将 Hypervisor 的安全范围扩大至远程控制台,规范远程控制台的使用,增强 Hypervisor 的安全性。首先,应当规定在同一时刻只允许一个用户访问虚拟机远程控制台,并且按需分配权限,这样可以防止多用户登录造成具有较低权限的用户越权访问其他用户的敏感信息的情况。其次,应该禁止连接到虚拟机的远程管理控制台的复制和粘贴,以避免信息泄露。

3. 安装虚拟防火墙

虚拟机之间的流量在同一个虚拟交换机和端口组上传输的时候,网络的流量不会经过物理网络,只在物理主机内部的虚拟网络中存在,而物理防火墙只为连接到物理网络中的服务器和设备提供服务,因此这些网络流量都在物理防火墙的保护区域之外,物理防火墙无法保证这些流量的安全。为保护 Hypervisor 的安全,需要安装虚拟防火墙,它能在虚拟机的虚拟网卡层获取并查看网络流量,因此能够监控和过滤虚拟机之间的流量。为确保网络流量的安全,可以将虚拟防火墙与物理防火墙配合使用。

4. 限制用户特权

为简化访问授权这一环节,许多 Hypervisor 的管理人员往往会直接将管理员的权限分配给用户,这样,一些恶意用户可能会利用管理员权限执行各种危险操作,包括窃取数据、更改网络配置、重新配置虚拟机、更改用户权限等，从而严重破坏 Hypervisor 的安全。为应对这些安全风险，必须对用户进行细粒度的权限分配。具体来说，应该在最初创建用户角色的时候先不给该角色分配任何权限，在将角色分配给用户时，再根据用户的需求增加相应的权限，这样可以保证用户只获取其申请的权限，从而避免用户因享有管理员特权而给 Hypervisor 带来安全隐患。

5.3　安全策略

Hypervisor 向下需要对基本硬件设施进行抽象和管理，向上则需要集中管理所有运行在其上的虚拟机，并需要负责管理这些虚拟机的资源分配、资源访问以及运行维护。因此，Hypervisor 作为虚拟化的重要组成部分，提高其安全性，能够为运行于其上的虚拟机提供有效的安全保障，进而增强虚拟化平台的安全防护能力。下面介绍虚拟机安全监控机制和虚拟机间流量安全防护这两种策略。

5.3.1　虚拟机安全监控机制

在云计算环境中，要保证虚拟机的运行安全，需要部署有效的监控机制对虚拟机的运行状态进行实时观察，及时发现危害虚拟机运行安全的因素并迅速作出响应。然而，虚拟化平台的应用给云计算带来了不小的安全挑战，云应用不再受企业内部防火墙和入侵检测系统的保护，传统的安全监控机制也已经不再适用，亟须提出针对虚拟机的安全监控机制。

近年来，虚拟化研究领域的专家学者都在致力于虚拟机安全监控架构的研究。所谓虚拟机安全监控架构，指的是安全工具为适应虚拟计算环境而采取的架构模式。目前比较流行的虚拟机安全监控架构主要是虚拟机自省监控框架以及基于虚拟化的安全主动监控框架。

1. 虚拟机自省监控框架

虚拟机自省是从虚拟机外部获取客户虚拟机操作系统内部状态信息的技术。通过将安全工具放在单独的虚拟机中来实现该框架，并利用该安全工具对其他虚拟机进行安全检测，该框架的典型代表是 Livewire。采用虚拟机自省监控框架的安全监控系统有 Wizard 和 Xenacces。Wizard 是一个基于 Xen 的内核监控器，它能发现高级的内核事件以及低级的硬件设备事件之间的关系，具备安全、高效截获应用级和操作系统级行为的能力。Xenacces 是一种处于 Xen 管理域中的虚拟机监控库，它的实现依赖于 Xen 提供的 libxc 和 libblktap 库。Xenacces 为目标虚拟机内存和磁盘的查看提供高级接口，但它必须在操作系统内核完整的情况下才能提供安全监控功能，一旦有恶意攻击者篡改了操作系统内核的关键数据结构，则会致使 Xenacces 的安全监测功能失效。

2. 基于虚拟化的安全主动监控框架

该框架通过安全资源池的虚拟安全能力或者在租户网络内部署虚拟安全能力两种方式提供安全服务，包括系统漏扫、配置基线核查和 Web 漏洞扫描等，只需安全能力与扫描对象网络可达,即可扫描租户虚拟机的配置和漏洞情况,并根据扫描结果提供相应建议。在实现时,将安全工具部署到一个处在安全域的虚拟机中,并利用该安全工具对运行在目标虚拟机上的操作系统进行安全监测。

目前,虚拟化安全监控主要可以分为内部监控和外部监控两种。内部监控通过在虚拟机中加载内核模块来对虚拟机中的内部事件进行拦截。所谓事件拦截,指的是拦截虚拟机中发生的某个事件,从而触发安全工具对其进行安全检测,而虚拟机中内核模块的安全则需要由 Hypervisor 来保护。内部监控的典型系统是 Lares 和 SIM。外部监控是在虚拟机外部进行安全检测,它指的是在 Hypervisor 中对目标虚拟机中的事件进行拦截,其典型系统是 Livewire。下面分别对这两种监控方式进行介绍。

1. 内部监控

内部监控模型如图 5-4 所示。在基于虚拟化的内部监控模型中,安全工具部署在一个被隔离的且处于安全域的虚拟机中,该虚拟机所处的环境在理论上被认为是安全的。被监控的客户操作系统运行在目标虚拟机中,该目标虚拟机中会部署一个用于拦截文件读写、进程创建等事件的重要工具——钩子函数,其典型代表是 lares 和 sim,可以直接截取系统级语义。这些钩子函数在加载到客户操作系统中时,会通知 Hypervisor 它们所占据的内存空间,这样 Hypervisor 中的内存保护模块就可以根据钩子函数所告知的内存页面对其进行保护,从而为存在于不可信的客户操作系统中的钩子函数提供安全保护。除了内存保护模块,Hypervisor 中还有一个跳转模块,它的作用是为目标虚拟机和安全域之间的通信搭建桥梁。钩子函数和跳转模块都必须是简单的、自包含的,不能调用内核的其他函数,这样内存保护模块才能更好地保护它们,防止它们被恶意攻击者篡改。

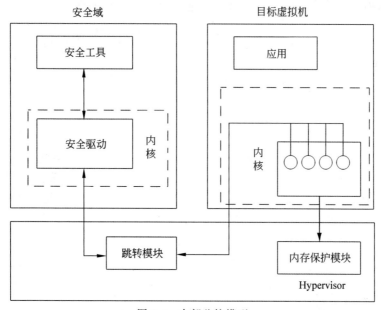

图 5-4　内部监控模型

在进行一次事件拦截响应的过程中,内部监控模型中的钩子函数在探测到目标虚拟机中发生了某个事件时会主动陷入 Hypervisor 中,并通过其中的跳转模块将目标虚拟机中发生的事件传递给安全域中的安全驱动,再由安全驱动将事件传递给安全工具;之后,安全事件会根据目标虚拟中发生的事件执行某种安全策略,产生响应,并将响应传递给安全驱动,进而对目标虚拟机中的安全事件作出响应。

由上面的内容可以看到,内部监控模型可以在虚拟机中实现事件截获,因此可以直接获取操作系统级语义而不需要进行语义重构,从而减少了性能开销。语义重构指的是由低级的二进制语义重构出高级的操作系统语义。另外,该模型中的安全工具和客户操作系统相互隔离,可以增强安全工具的安全性。但与此同时,该模型需要在客户操作系统中植入内核模块,这会使得目标虚拟机的监控缺乏透明性。另外,该模型中的跳转模块以及内存保护模块都不具有通用性,需要根据目标虚拟机来进行特殊设计,这会限制内部监控框架的进一步研究和使用。

2. 外部监控

外部监控模型如图 5-5 所示。与内部监控模型相同的是,外部监控模型中的安全工具和客户操作系统位于两个彼此分离的虚拟机中,而不同点在于外部监控模型在 Hypervisor 中部署了监控点,该监控点不仅为目标虚拟机与安全域中的安全工具建立通信桥梁,还可以用于拦截目标虚拟机中发生的安全事件,并能重构出高级语义,传递给安全工具。其中,语义重构的过程与客户操作系统的版本和类型密切相关,主要是利用某些内存地址或寄存器对内核中的关键数据结构进行解析。安全工具会根据安全策略对目标虚拟机中的事件作出响应,进而通过监控点来控制目标虚拟机。由于监控点部署在处于目标虚拟机底层的 Hypervisor 中,所以它能观测到目标虚拟机的 CPU 信息、内存页面等状态信息,从而协助安全工具对目标虚拟机进行较为全面的检测。

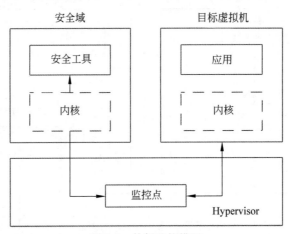

图 5-5 外部监控模型

由上面的内容可以看到,内部监控和外部监控这两种监控方式都能很好地实现对虚拟机的安全监控。但是,虚拟机监控仍然存在着一些不足的地方需要继续改进。

首先需要改进的问题是缺乏通用性,目前的监控系统都是针对特定类型的客户操作系统来实现特定的安全功能,而在云计算环境下,单个物理节点上往往有多台虚拟机,虚拟机中的客户操作系统又种类繁多,因此监控工具很难有效地对云计算环境下各种不同类型的虚拟机进行监控。要满足监控的通用性需求,构建通用的安全监控机制十分必要。

其次,虚拟机监控与传统的安全工具还存在着融合的问题。在虚拟化环境下,利用 Hypervisor 可以更好地监控虚拟机内部的运行状态,因此,现有的工作多集中在通过 Hypervisor 来保护目标虚拟机中的钩子函数或者从目标虚拟机外部查看内部状态,然而传统的安全工具无法直接使用 Hypervisor 获取的包含二进制语义的信息。为解决虚拟监控工具和传统安全工具的融合问题,一方面应该利用语义恢复来实现从二进制级语义到系统级语义的转变,并且为安全工具提供标准的调用接口。另一方面应该考虑如何在语义的全面性和语义恢复给安全工具带来的额外性能开销之间进行综合权衡,从而让安全工具发挥最大的实用价值。

5.3.2　虚拟机间流量安全防护

在虚拟化环境下,同一个服务器上不同虚拟机之间的流量交换是通过服务器内部的虚拟交换网络进行的,虽然这些虚拟机可能处于同一个物理无线局域网(Wireless Local Area Network,WLAN)下,但流量却不需要经过外部交换机。在这种情况下,虚拟机之间的流量交换是不可视的,虚拟化平台的管理人员无法了解和控制虚拟机之间的流量交换。这会带来各种安全隐患,例如,这些虚拟机之间的二层流量在规则允许的范围内是否是合法访问,不同虚拟机间交换的流量中是否存在诸如针对应用层安全漏洞的网络攻击行为,等等。由此可见,对虚拟机间流量进行安全防护是非常重要的。

通常来说,根据流量的转发路径可以将用户的流量分为纵向流量和横向流量两类,因此可以从纵向和横向两个维度采取相应的措施来对虚拟机间的流量进行安全防护。

1. 纵向流量的安全防护

纵向流量包括从客户端到服务器的访问请求流量以及不同虚拟机间三层转发的流量,这些流量的交换都需要经过外置的硬件安全防护层。纵向流量的安全防护与传统数据中心流量的安全防护类似,因此针对纵向流量的安全防护可以借鉴传统的安全防护部署方式,将具备内置阻断安全攻击能力的防火墙和入侵检测系统旁挂在汇聚层,或串接在核心层和汇聚层之间,利用其对虚拟化环境下的纵向流量进行检测。

2. 横向流量的安全防护

横向流量指的是同一台服务器上不同虚拟机之间交换的流量。在虚拟化环境下,同一台服务器上不同虚拟机间的流量直接在服务器内部进行交换,而不需要经过外部物理交换机,且其交换过程是不可视的,因此外层网络的安全管理人员无法通过传统的安全防护与检测技术对虚拟机中的横向流量进行监控和安全防护,横向流量安全成为虚拟化环境下的一个新问题。

目前许多业内专家学者都在加紧研究横向流量的安全防护措施,其中包括在虚拟计算平台上的 Hypervisor 层集成 vSwitch 虚拟交换机,通过该交换机能够实现一些基本的访问控制规则,但是由于不能集成高级的安全防护和检测工具,因而无法实现对虚拟机之间横向流量的安全检测。目前针对横向流量的安全检测技术主要是基于虚拟机的安全防护技术和利用边缘虚拟桥接(Edge Virtual Bridging,EVB)等技术实现的流量重定向安全防护技术,下面对它们进行介绍。

1)基于虚拟机的安全防护技术

为解决外部防火墙和入侵检测系统无法对虚拟机之间交换的流量进行安全检测的问题,基于虚拟机的安全防护技术可以直接在服务内部部署虚拟机安全软件,并在所有虚拟机之间的流量交换未进入虚拟机中的交换机前,利用 Hypervisor 开放的 API 将这些流量引入虚拟机安全软件中进行安全检测。虚拟机安全软件会根据需求将不同的虚拟机划分到不同的安全域中,并对各种安全域间的隔离和访问策略进行配置。为检测虚拟机间相互交换的流量中是否存在类似于应用层安全漏洞的网络攻击,该技术还可以通过在软件中集成了入侵防御系统(Intrusion Prevention System,IPS)的深度报文检测技术对流量进行检测。

应用基于虚拟机的安全防护技术的典型例子是在前面提到的外部安全监控框架 Livewire,它是一个基于虚拟机的入侵检测系统。该框架将入侵检测系统部署在一个与被检测虚拟机相互隔离的安全虚拟机中,然后利用虚拟机的自省机制,通过 Hypervisor 来观察目标虚拟机的内部状态,观察的内容还包括该虚拟机与其他虚拟机之间的横向流量。当检测到系统中发生的事件时就将其拦截。Hypervisor 会通过直接访问被检测系统的内存来获取该系统的当前状态,然后利用入侵检测系统的操作系统接口库来恢复出操作系统级的语义,接着再通过入侵检测模块对发生的事件进行安全检测。

基于虚拟机的安全防护技术的一个优势是部署简单,只要在服务器上专门开辟出资源来运行一个隔离的虚拟机,并在该虚拟机中运行虚拟机软件就可以了。但从另一个角度来说,由于每个服务器都需要专门分配一定的资源为虚拟机提供运行环境,因此一旦服务器的流量增大,开启的 IPS 深度检测的功能增多,则其对系统资源的占用将增大,这可能会影响服务器的性能,服务器的投资也可能会随之增加。另外,该模型需要安全软件生产商在 Hypervisor 层进行代码开发,因此低质量的开发可能会给 Hypervisor 带来潜在的安全漏洞,从而给整个系统的正常运转带来安全风险。

2)流量重定向安全防护技术

流量重定向安全防护技术利用边缘虚拟桥接和虚拟以太网端口汇聚器(Virtual Ethernet Port Aggregator,VEPA)等技术将虚拟机的内部流量引入外部交换机中,并在外部交换机转发这些流量前,通过镜像或重定向等技术将流量引入安全设备中进行安全检测,还有各种安全策略或访问策略的配置。边缘虚拟桥接技术是 IEEE 针对数据中心虚拟化制定的一组技术标准,它包含了虚拟化服务器与网络间数据互通的格式与转发要求以及针对虚拟机和虚拟 I/O 通道对接网络的一组控制管理协议。该技术主要有两个作用,一个是解决计算资源调度与网络自动化感知之间无法连接的问题,另一个是解决服务器虚拟化后计算资源与网络资源之间产生的管理边界模糊问题。虚拟以太网端口汇聚器技术的功能是将服务器上的虚拟机生成的所有流量转移到外部的网络交换机上。

流量重定向安全防护技术的一个特点是将硬件设备外置,它可以在不影响服务器的业务部署且不占用服务器资源的情况下利用数目较少的高端安全设备来实现万兆级甚至是十万兆级的安全检测,而这些外置的安全设备可以由管理员利用其丰富的传统信息系统维护经验来管理和维护。另外,该技术采用外挂式设备部署方式,使安全设备避开服务器虚拟机本身的安全风险。

5.4　本章小结

Hypervisor 作为虚拟化的重要组成部分,其安全状态在虚拟化平台的安全防护中起着至关重要的作用。本章首先介绍了 Hypervisor 的基本概念、主要构成以及两大分类,进而引出虚拟化环境下 Hypervisor 所面临的安全问题以及安全保障的必要性。针对 Hypervisor 的安全保障提出了两方面要求:一方面是提高自身安全性,并从建立轻量级的 Hypervisor 以及对 Hypervisor 进行完整性保护入手进行详细分析;另一方面是提高 Hypervisor 的防护能力,并介绍了 4 种防御方法,分别为合理分配主机资源、扩大 Hypervisor 安全范围至远程控制台,安装虚拟防火墙以及限制用户特权。最后,本章还针对虚拟机安全介绍了两种策略,分别为虚拟机安全监控机制和虚拟机间流量安全防护。

通过本章的学习,可以了解到 Hypervisor 在虚拟化架构中的主要功能,进而认识到 Hypervisor 安全的重要性,掌握保障其安全性的具体实施方法,并通过具体的解决方案理解 Hypervisor 在安全策略中的作用。

5.5　思考题

(1) 简述 Hypervisor 的概念以及基本功能。

(2) 根据运行位置的不同可将 Hypervisor 分为哪几类? 分别举一个例子。

(3) 为实现客户操作系统和宿主操作系统同时运行,需要哪些特定要素?

(3) 提高 Hypervisor 自身安全性的方法有哪两种? 请分别阐述。

(4) 增强 Hypervisor 防御能力的方法有哪 4 种? 请分别阐述。

第6章 虚拟化安全

近几年,云计算技术以其强计算力、海量存储、按需付费、弹性收缩等独特优势而得到越来越广泛的应用,而实现这些特征的基石正是虚拟化技术。虚拟化技术是云计算的核心技术之一,它能让云计算实现对资源的动态分配、按需计算以及对软硬件资源的逻辑抽象、隔离管理等。虚拟化技术将物理资源转变为逻辑上可以管理的资源,云服务提供商利用虚拟化技术将各种硬件资源虚拟化成大规模的动态资源池,并通过该资源池动态且按需分配地向用户提供计算资源。

随着虚拟化技术的广泛应用,也暴露出了越来越多的安全问题,虚拟化这种新技术所带来的安全问题是传统计算模式不会出现的。当前,虚拟化环境面临着虚拟机蔓延、状态恢复、运行威胁、特殊配置等多种安全隐患,同时还面临着虚拟机逃逸、虚拟机跳跃、拒绝服务等许多安全攻击。由此可见,为应对虚拟化安全的各种挑战,虚拟化安全建设非常重要,只有采取有效的安全防护措施,才能避免这些安全隐患和安全攻击给虚拟化技术的使用者带来巨大的损失。

6.1 虚拟化技术概述

6.1.1 虚拟化概述

虚拟化技术具有悠久的历史。早在 20 世纪 50 年代就有科学家提出了虚拟化的概念。到了 20 世纪 60 年代,为提高硬件利用率而对大型机硬件资源进行分区则是虚拟化最早的实现。从操作系统的虚拟内存到 Java 语言虚拟机,再到 x86 体系结构的服务器虚拟化技术,虚拟化技术经过半个多世纪的发展已经日益成熟。

对于虚拟化,业界很多标准组织都对其进行了定义。例如,在开放网络服务体系结构的术语表中,虚拟化被定义为"对一组类似资源提供一个通用的方式来查看并维护资源";维基百科对它的定义是:"在计算机技术中,虚拟化是将计算机物理资源,如服务器、网络、内存及存储等,予以抽象、转换后呈现出来,使用户可以以比原本的组态更好的方式来使用这些资源。这些资源的新虚拟部分是不受现有资源的假设方式、地域或物理组态所限制的。一般所指的虚拟化资源包括计算能力和资料存储";WhatIs.com 信息技术术语库对它的定义是:"虚拟化是为某些事物创造的虚拟(相对于真实)版本,例如操作系统、计算机系统、存储设备和网络资源等。"

通过上述对虚拟化不同的定义,可以总结出:虚拟化其实是一种资源抽象化的软件技术,这些资源覆盖范围广,既可以是存储、网络、CPU、内存等各种硬件资源,也可以是操作系统、应用程序、文件系统等各种软件环境。虚拟化将原本运行在真实环境中的计算机系统或组件运行在虚拟环境中。一般而言,计算机系统从下至上可以分为硬件资源层、操作系统层、框架库层以及应用程序层。事实上,这些层之间具有一定的依赖关系,服务依靠应用程序提供给用户,软件依靠框架库才能运行,框架库和软件依靠操作系统提供给用户。虚拟化技术可以在这些不同层次之间构建虚拟化层,即向上提供与真实层次相同或类似的功能,撤销上一层对下一层的依赖,使得上层系统可以运行在该中间层之上,即上层的运行不依赖于下层的具体实现,解除了上下层之间原本存在的耦合关系。虚拟化技术以其对资源的灵活、高效利用而被广泛应用,云计算技术的发展和进步更是离不开它,虚拟化技术成为云计算发展的核心原动力之一。

虚拟化的基本思想是分离软硬件资源,它的主要目标是对包括系统、基础设施以及软件等在内的各种 IT 资源的表示、访问和管理进行简化,将它们抽象成逻辑资源,并为这些逻辑资源提供标准的接口来接收输入和提供输出,从而隐藏资源属性和具体操作之间的差异。

虚拟化技术降低了资源使用者和资源具体实现之间的耦合度,让用户不用再依赖资源的某种特定实现,也可以将 IT 基础设施发生变化时对用户的影响降到最低,从而有利于降低系统管理员对 IT 资源进行升级和维护时对用户造成的影响。

如今,操作系统的虚拟内存是计算机业内认知度比较广泛的虚拟化技术。下面结合实际的例子进一步介绍虚拟化技术。

虚拟内存指的是在磁盘存储空间中划分一部分作为内存的中转空间,该空间负责存储内存中存放不下且暂时不用的数据,一旦用户要用到这些数据,该空间就会将这些数据从磁盘换入内存。虚拟化内存技术对底层资源进行抽象,屏蔽了用户所需内存空间的存储位置和访问方式等实现细节,并向上提供透明的服务,因此用户看到的是统一的地址空间,他们可以用一致的分配和访问等指令来对虚拟内存进行操作,就跟访问物理内存一样。在这个例子中,内存是真实的资源,而磁盘中被划分出来作为中转空间的部分则是内存的替代品;但经过虚拟化后,这两者都有相同的逻辑表示,虚拟化层向上隐藏了磁盘上进行的内存交换、文件读写以及内存与磁盘间的统一寻址和换入换出等细节。

通常,虚拟化架构主要由主机、虚拟化层软件以及虚拟机 3 部分组成。

主机指的是 CPU、内存、I/O 设备等硬件资源的物理设备。

虚拟化层软件是虚拟基础设施的中枢神经系统,它直接部署在硬件资源上,管理主机的底层硬件资源,处理所有由用户启动的操作系统和应用程序对 CPU、内存、I/O、硬盘资源的请求,被称为 Hypervisor 或虚拟机监视器。虚拟化层软件负责用户虚拟机的创建、销毁和迁移等操作,并负责将一个物理主机的硬件资源虚拟化为逻辑资源并提供给上层的虚拟机,同时要负责协调各个虚拟机对这些资源的访问以及各虚拟机的防护管理。当用户请求访问虚拟资源时,虚拟化层软件会对这些请求进行处理,在对相应的信息指令进行模拟后对底层的硬件设备进行操作,最后将结果返回给用户。

虚拟机则是运行在虚拟化层软件上的操作系统,通过虚拟化层软件提供的硬件资源,多个虚拟机可以同时运行在一个主机上,每个虚拟机可以像一台真正的主机一样运行各种应用程序,对于这些程序而言,一个虚拟机就是一台真正的主机。

比较常见的虚拟化架构有裸机虚拟化、主机虚拟化以及操作系统虚拟化,这3种架构无论是在具体实现和系统性能上还是在应用场景上都存在着一定的差异,因此在具体部署的时候,要充分考虑架构的特点以及实际需求后再进行选择。下面简要介绍这3种架构。

裸机虚拟化架构如图6-1所示。这是一种实现比较复杂,但性能较好的一种架构模式,它是主流的企业级虚拟化架构,广泛应用在企业数据中心的虚拟化进程中。在这种架构中,Hypervisor直接运行在主机硬件上,在硬件资源之上没有操作系统,Hypervisor负责管理所有资源和虚拟环境,对上层虚拟机的支持需要通过提供指令集和设备接口来实现。这种架构的问题是硬件设备多种多样,虚拟机监视器不可能把每种设备的驱动程序都一一实现,所以这种架构支持的设备有限。

主机虚拟化架构如图6-2所示。这种架构实现起来比较简单,但其性能较低,因此无法胜任企业级的工作量,通常用于开发、测试或桌面类应用程序。在这种架构中,硬件资源之上有宿主机操作系统,负责管理硬件设备。Hypervisor作为一个应用程序运行在宿主机操作系统上,利用宿主机操作系统的功能来实现资源的抽象和上层虚拟机的控制。这种架构由底层操作系统对设备进行管理,不用担心设备驱动程序的实现。这种架构由于需要利用宿主机操作系统来完成对硬件资源的操作和管理,因此效率和功能受宿主机影响较大,其性能大大低于裸机虚拟化架构。

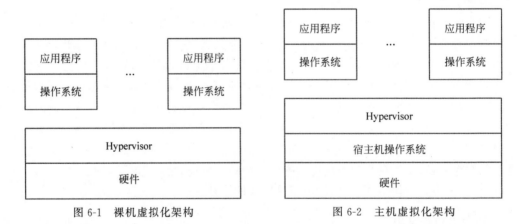

图 6-1　裸机虚拟化架构　　　　图 6-2　主机虚拟化架构

操作系统虚拟化架构如图6-3所示。操作系统虚拟化可以理解为对用户的桌面操作系统进行虚拟化,属于桌面虚拟化。这种架构主要是为虚拟桌面等需要高虚拟机密度的应用程序专门打造的。在这种架构中没有独立的Hypervisor,宿主机操作系统本身充当了Hypervisor的角色,它负责在多个虚拟服务器之间分配硬件资源,并让这些服务器相互独立。在这种架构中,所有虚拟服务器使用的都是单一且标准的操作系统,这让虚拟机的管理比起异构的环境更容易,但灵活性较差。另外,在这种架构中,宿主机操作系统文件以及其他相关资源由各个虚拟机共享,因此它提供的虚拟机隔离性也不如前面两种虚拟化架构。

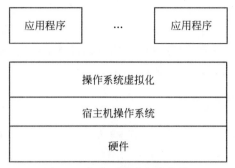

图 6-3　操作系统虚拟化架构

虚拟化技术是对各种各样的 IT 资源进行抽象,根据这些 IT 资源的类型可以将虚拟化技术划分为基础设施虚拟化、系统虚拟化以及软件虚拟化等几个大类。其中比较常见的是系统虚拟化,它可以在个人计算机上虚拟出一个逻辑系统,负责虚拟机的创建、运行和管理。用户可以在这个虚拟系统上安装和使用另一个操作系统以及其上的应用程序。根据虚拟化的对象可以将虚拟化技术细分为服务器虚拟化、存储虚拟化、桌面虚拟化、网络虚拟化、应用虚拟化等类型,如图 6-4 所示。

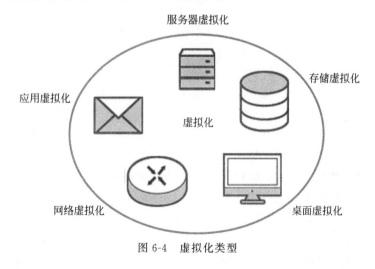

图 6-4　虚拟化类型

应用虚拟化是指应用程序的虚拟化,即将应用程序从操作系统中分离出来,在不需要与用户的文件系统相连或借助任何设备驱动程序的情况下,能通过压缩后的可执行文件夹来运行,在 8.1.2 节中将对其进行详细介绍。下面对另外 5 种虚拟化类型进行详细阐述。

6.1.2　服务器虚拟化

服务器虚拟化指的是将虚拟化技术应用于服务器,将一个物理服务器虚拟成若干个独立的逻辑服务器使用,使得多个虚拟机在同一物理机上同时独立运行,并且这些虚拟机都交由一个物理服务器托管,如图 6-5 所示。服务器虚拟化将虚拟内存、虚拟 I/O、虚拟

BIOS、虚拟处理器以及虚拟设备等硬件资源抽象成可以统一管理的逻辑资源,并将其提供给虚拟机以支持其运行。此外,它还会为虚拟机提供良好的隔离性和安全性,从而充分发挥服务器的硬件性能。另外,服务器虚拟化可以动态移动没有充分利用的硬件资源到最需要的地方,从而提高底层硬件资源的利用率。

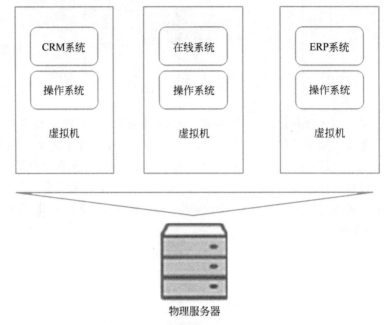

图 6-5　服务器虚拟化

在很多情况下,物理服务器上的应用程序没有充分利用硬件提供给它们的处理能力,导致资源浪费。为此,可利用虚拟化技术在同一台物理服务器上虚拟出多个虚拟服务器(即虚拟机),以充分利用底层的硬件资源。服务器虚拟化是虚拟化技术中最早细分出来且最为成熟的领域,在中小企业中部署服务器虚拟化也成为一种重要的解决方案。现在的 x86 服务器的设计存在局限性,每次只能运行一个操作系统和应用,这为 IT 部门带来了挑战。因此,即使是小型数据中心也必须部署大量服务器,而每台服务器的容量利用率只有 5%～15%,无论以哪种标准来衡量,都十分低效。虚拟化使用软件来模拟硬件并创建虚拟计算机系统。这样一来,企业便可以在单台服务器上运行多个虚拟系统,也就是运行多个操作系统和应用,而这可以实现规模经济以及提高效益。调查显示,全球范围的企业对于服务器虚拟化的认知率已经达到了 75%,1/3 的企业已经在使用或准备部署服务器虚拟化。早在 2008 年,绝大多数的世界 500 强企业就已经采用了服务器虚拟化技术。目前,使用比较广泛的服务器虚拟化产品有华为公司的 FusionSphere、H3C 公司的 CAS和云宏公司的 CNware。

服务器虚拟化通过软件向上提供对底层硬件设备的抽象以及对虚拟服务器的管理,这些软件通常被业界用专用术语——虚拟化平台(Hypervisor)和虚拟机监视器来描述。

虚拟化平台被定义为直接运行在硬件之上,负责虚拟机的托管和管理的软件中间层,其实现会直接受到底层体系结构的约束。虚拟机监视器被定义为负责对虚拟机提供硬件资源抽象,为客户操作系统提供运行环境的软件。对这两个术语通常不作严格区分,它们的出现源于虚拟化软件的不同实现模式。

在服务器虚拟化中,虚拟软件在虚拟机和宿主机操作系统之间,它提供的虚拟化层处于硬件平台之上、客户操作系统之下,而虚拟化层的实现方式主要可以分为原生虚拟化和寄宿虚拟化两种。

原生虚拟化通常实现起来较为复杂,但性能较好。虚拟化平台就采用这种实现方式,它直接运行在硬件之上,不用安装像 Windows 这样的系统,为运行在其上的虚拟机提供指令集和设备接口,向虚拟机提供支持。

寄宿虚拟化实现起来较为容易,但通常性能低下。虚拟机监视器就采用这种实现方式,它是运行在宿主机操作系统之上的应用程序,利用宿主机操作系统的功能来实现硬件资源的抽象和虚拟机的管理。

服务器虚拟化技术的核心是对 CPU、内存、I/O 设备这 3 种硬件资源进行抽象。

(1) CPU 虚拟化技术。将物理 CPU 抽象成相互隔离且互不影响的虚拟 CPU,并且在任意时刻,一个物理 CPU 只能运行一个虚拟 CPU 指令,而每个客户操作系统可以使用一个或多个虚拟 CPU。

(2) 内存虚拟化技术。对物理机的真实内存进行统一管理,包装成多个虚拟的物理内存,提供给多个虚拟机使用,每个虚拟机拥有相互独立的内存空间。内存虚拟化的思路是分块共享,内存共享的核心思想是内存页面的写时复制(copy on write)。

(3) I/O 设备虚拟化技术。对物理机的真实设备进行统一管理,包装成多个虚拟设备,提供给多个虚拟机使用,响应每个虚拟机的设备访问请求和 I/O 请求。

另外,为实现更好的动态资源整合,当前大多数服务器虚拟化技术都支持虚拟机实时迁移。实时迁移技术指的是虚拟机在运行过程中,将整个虚拟机在原来的宿主机硬件平台的运行状态完整且快速地迁移到新的宿主机硬件平台上,并且整个迁移过程是平滑的,用户几乎察觉不出来的。实时迁移技术之所以能够很好地在服务器虚拟化中实现,是因为虚拟化抽象了真实的物理资源,因此原宿主机和目标宿主机硬件平台的异构性可以得到支持。

相对其他虚拟化技术,服务器虚拟化技术发展较为成熟,其强隔离、易封装、多实例、高性能等特性可以为其在实际环境中的运用提供保证,它也因自身具备的各种独特优势而受到各大型企业的欢迎。总的来说,服务器虚拟化主要有以下优势:

(1) 加速应用部署。

在传统的数据中心部署一个应用往往需要先寻找合适的物理机,找到之后,就要在物理机上安装操作系统及中间件,然后才能在操作系统上安装应用,然后还必须进行相关的配置和测试,最后才能运行应用,整个过程通常要消耗十几个小时甚至几天的时间。但采用服务器虚拟化后,部署一个应用只需要几分钟至几十分钟,整个过程其实就是部署一个封装好的操作系统和应用程序的虚拟机,具体过程是:先输入配置参数进行激活,接着复制并启动虚拟机,最后激活虚拟机。与传统的应用部署方式相比,服务器虚拟化大大加快了应用的部署,且无须人工干预,降低了部署成本。

（2）提高服务可用性。

服务可用性指的是服务能够持续、可靠地运行的能力。服务的高可用性则要求将日常维护操作对服务的影响降到最低，即使发生了硬件丢失或系统故障，服务也要在短时间内恢复。

为了保证服务的可用性，传统的数据中心往往会采用多机备份、冗余等技术手段，有时还可能使用额外的可用性管理工具对服务进行监控和调度。但采用服务器虚拟化后，由于虚拟机是单个的逻辑文件，且其对应的处理器和内存资源都被虚拟机管理程序封装和隔离，因此用户可以对运行中的虚拟机生成快照并备份成虚拟机镜像文件，这样就可以在需要的时候动态迁移虚拟机，同时将它恢复到某个备份，或者在其他物理机上运行该备份，这大大提高了服务的可用性。

（3）提高应用兼容性。

在传统的数据中心，在互不兼容的环境中运行的应用往往会产生兼容性问题，这使得应用在开发的过程中往往需要考虑硬件平台、操作系统、中间件等各个级别的兼容性问题，另外，应用的互不兼容也给管理、维护和整合带来了很大的难度。而服务器虚拟化技术能让应用所在的平台与底层服务器环境相互分离，它提供了封装和隔离的服务，可以让一个应用版本在被虚拟化封装后的不同类型的平台上发布并运行，从而极大地提高了应用的兼容性。

（4）提升资源利用率。

在传统的数据中心中，出于安全性、管理简便以及运行性能的考虑，在绝大多数 x86 服务器上只能运行一个应用，这使得服务器的 CPU 利用率普遍很低，平均只有 5％～20％。而服务器虚拟化可以将原有的多台服务器整合到一台物理服务器上，且其通过虚拟化技术可以提供隔离性和封装性，因此可以提高服务器的使用率，同时还能保证安全性及运行性能。通过对服务器进行虚拟化整合，可以大幅度提高服务器的 CPU、内存、网络、存储等资源的利用率。

（5）提高灵活适应力。

传统数据中心的服务器是相互隔离的，如果用户需要调整服务器的资源，往往需要先关闭服务器，然后打开机箱安装设备，调整好资源后再重启服务器。而服务器虚拟化能够提供实时迁移功能，即可以在不中断服务的情况下将虚拟机从一台物理服务器迁移到另一台物理服务器，每个虚拟机都可以在资源池中自由移动，因此用户可以即时地调整CPU、内存等虚拟机的资源。另外，虚拟化产品都会提供可被程序调用的资源调整应用程序编程接口（API）和用户可操作的界面，因此管理人员可以灵活地根据虚拟机内部的资源使用情况为虚拟机调整和分配资源。

（6）降低运营成本。

为了更新和维护 IT 基础设施，传统数据中心往往要投入大量资金，除了设备的采购成本，还要持续不断地支付基础设施的运行、管理和维护成本。服务器虚拟化技术让管理人员的管理工作不用再考虑物理服务器、中间件、兼容性以及物理操作系统等问题。另外，服务器虚拟化产品厂商还会提供功能强大的虚拟化环境管理工具以及简便强大的管理界面，因此服务器虚拟化技术可以极大地提高管理人员的工作效率，降低 IT 基础设施的运营成本。

（7）降低能源消耗。

在传统数据中心中，一个处理器在运行的时候往往还需要制冷、通风等操作，这些都使得数据中心的能源消耗十分严重。在这种传统模式下，如果要节能减排，就只能关闭利用率不高的服务器，而应用是运行在服务器上的，关闭了服务器的同时也关闭了应用，因此这种做法在实际上并不可取。而服务器虚拟化解除了物理服务器和应用的绑定，因此在负载低谷的时候可以将原来运行在各个服务器上的应用整合到较少的几台服务器上，然后将空闲的物理服务器关闭，这样就可以减少实际运行的物理服务器的数量，从而减少耗电量，达到降低能源消耗的效果。

6.1.3　存储虚拟化

存储虚拟化位于云存储系统中的核心层次，是衡量云存储系统的一个重要指标。存储虚拟化技术通过一定的手段，将硬盘、磁盘阵列（RAID）等存储介质模块集中到一个存储池中进行统一管理，这样可以为使用者提供高数据传输性能以及大容量的虚拟存储，同时也简化了管理人员对存储资源的管理工作。对于主机来说，这些存储资源不再是多个硬盘，而是一个分区或卷，就如同一个超大容量的硬盘；对于用户来说，虚拟化的存储资源就是一个巨大的资源池，底层具体的磁盘、磁带对用户是透明的，用户无须关心数据是如何存储的、数据是如何呈现到云操作系统终端上的等一系列问题。

存储虚拟化技术通过提高存储设备的利用率来扩展容量，可以极大地降低设备采购成本，其具备的伸缩特性能够实现存储容量的动态扩展以及对用户存储空间的动态分配，还能消除云存储系统中不同厂商生产的存储设备的物理差异性。

6.1.4　桌面虚拟化

桌面虚拟化是指利用虚拟化技术将用户桌面的镜像文件存放到数据中心。桌面虚拟化将用户的桌面操作环境和其使用的终端相分离，每个用户的完整桌面环境都存储在服务器上，用户可以使用智能手机、PC 等具有足够的处理和显示功能的终端设备通过网络来访问其桌面环境。

桌面虚拟化将众多终端的资源集合到后台的数据中心，终端用户通过特殊的身份认证智能授权装置登录任意的终端，就能获取其相关数据，而无须改变任何使用习惯。桌面虚拟化允许一台物理硬件同时安装多个操作系统，能够让管理人员对众多的用户终端进行统一认证、统一管理以及对资源进行更灵活的调配，只需在数据中心进行系统维护，加强了对应用软件和补丁管理的控制，同时也大大地提高了设备的利用率和计算机的安全性。另外，桌面虚拟化可以帮助企业简化轻量级客户端架构，降低企业硬件与软件的采购开销以及运行和维护的成本，并且还可以降低企业内部管理的成本和风险。

6.1.5　网络虚拟化

网络虚拟化是使用基于软件的抽象从交换机、网络端口、路由器以及其他物理网络元素中分离网络流量的一种方式，通常包括虚拟局域网（VLAN）和虚拟专用网（VPN）。在过去近 30 年里,网络运营模型一直保持不变,而当时其承载的是静态的工作负载,并直接在物理服务器上运行。现在这种过时的网络模型使得企业难以获得虚拟化的全部优势,制约了软件定义网络数据中心的进一步发展。而虚拟网络的逻辑空间为其提供了创建和部署虚拟应用程序工作负载的能力。虚拟网络能够抽象底层网络硬件,并且只要有 IP 连接,虚拟网络就能够在任何网络硬件上运行。

可以将一个物理局域网划分为多个虚拟局域网,也可将多个物理局域网中的节点划分到一个虚拟局域网中,划分出来的虚拟局域网内的通信类似于物理局域网,对用户是透明的。每个虚拟局域网属于一个广播域,隔离了其他虚拟局域网的广播流量,提高了通信带宽。

虚拟专用网对网络连接进行了抽象,它允许用户远程访问组织内部的网络,且这种访问就像是直接连接到该网络上。将虚拟专用网应用于大量的办公环境,可以让用户安全且快速地访问应用程序和数据,且能避免来自 Internet 或 Intranet 中不相干网段的威胁,更好地保护 IT 环境。

6.2 虚拟化安全问题

近年来,云计算的应用越来越广泛。虚拟化技术作为云计算核心技术之一,能将硬件资源虚拟化成巨大的动态资源池,并能为用户动态且按需分配地提供计算资源,因而受到云服务提供商的青睐。然而,虚拟化技术在提高云计算设施利用率的同时,其采用的全新技术架构、组织结构、管理系统等也给云计算带来了许多在传统计算模式中不存在的安全问题,虚拟化安全面临着许多全新的威胁和挑战,传统的安全防护手段已经无法再保证云计算的安全。另外,在虚拟化架构中,用户需要通过虚拟机来获得云计算提供的云服务,虚拟化层既要与用户进行交互,又要负责对底层的硬件资源进行调用,因此虚拟化安全是云计算安全的核心问题。

6.2.1 虚拟化安全概况

虚拟化作为云计算的核心支撑技术,能对底层硬件资源进行逻辑抽象,简化云计算环境中资源的访问和管理过程,能有效提高云基础设施的使用效率,因此被广泛应用于公有云、私有云以及各类混合云中。但是从安全角度来说,虚拟化环境不仅要面对数据泄露、恶意代码、分布式拒绝服务攻击(DDoS)、病毒传播、后门、Rootkit 等传统的安全风险,而且要面对因为其采用的新技术而给云计算带来的许多传统计算模式所不存在的安全威胁。例如,随着虚拟终端数量的迅速增长,运行在同一台主机上的所有虚拟机会相互争夺存储 I/O、网络带宽等有限的物理资源。虚拟化暴露出的弱点往往很容易被攻击者利用,而过去的安全防护措施已经无法再满足云计算这种新型计算模式的安全需求,因此,为保证虚拟化充分发挥其底层支撑作用,很有必要采取针对虚拟化的安全防护措施。虚拟化的安全问题实际上反映了云计算在底层基础设施层面的安全问题,因此,只有确保虚拟化的安全,为云计算提供坚实可靠的基础,才能更有效地保护云计算的安全。

总的来说,云计算中虚拟化存在的安全问题主要可以分为 3 类,包括虚拟机软硬件配置缺陷问题、虚拟机映像共享的安全问题以及系统管理程序与访问机制问题:

(1) 虚拟机软硬件配置缺陷问题。在很多情况下,虚拟机在物理硬件配置上没有采取有效的隔离方法,在软件的配置上也没有进行严格的虚拟区间划分,同时虚拟化环境中往往缺乏完善的安全防护链,因此存储设备之间的信息隔离无法得到保证,很容易产生相应的安全漏洞,使得虚拟机上的用户数据被泄露。

(2) 虚拟机映像共享的安全问题。用户在利用虚拟机映像功能时,由于使用方式不当,可能会获取受恶意病毒感染的虚拟机映像,这样,用户在云计算环境中操作时将很容易主动或被动地获取恶意软件,从而导致自身的用户数据被恶意监控和获取,使得自身的隐私信息泄露或被破坏。另外,用户自身的操作也可能被监视和控制。

(3) 系统管理程序与访问机制问题。由于缺乏有效的安全防护机制,尤其是严格的访问机制,系统管理程序作为虚拟化技术体系的重要枢纽,一旦遭到破坏,将会泄露虚拟机元数据,攻击者则可以在不受安全限制的情况下任意操作这些被泄露的元数据,甚至实现对虚拟机的控制。

采用了虚拟化技术的云计算环境与传统 IT 环境有着很大的区别,其中最大的区别是它的存储环境、计算环境和网络环境是虚拟的,这一点使得云计算安全面临着巨大的挑战:虚拟化的存储方式使得数据的隔离以及数据的彻底清除变得很难实施;虚拟化的计算方式使得各应用进程之间的相互影响很难控制;虚拟化的网络结构使得传统的分域式防护不再适用;虚拟化的服务模式给身份管理和访问控制增加了一定的难度。

另外,虚拟化还彻底改变了传统的网络通信方式,同时也打破了传统网络边界的划分方式,使得云计算环境下的网络边界变得模糊且动态多变,因此给云计算环境带来以下安全挑战:

(1) 虚拟机之间无法隔离。由于众多的租户共享同一套虚拟化软件和基础设施,并将应用和数据存储在上面,因此同一台服务器上不同租户之间的虚拟机很难做到有效隔离。

(2) 虚拟机的通信流量不可视。在虚拟化环境中,一台物理机上一般会部署多台虚拟机,同一台物理机内部的虚拟机之间可以借助虚拟化平台进行信息的相互交流,但是虚拟机之间进行数据交换时不会经过传统的网络接入层交换机,因此虚拟机之间的流量是不可视且不可控的。如果物理机内部的虚拟机不是出自同一个用户,那么很容易导致数据信息泄露,或者导致虚拟机之间利用信息交换展开相互攻击,而通信流量的不可视及不可控使得传统的防护手段很难对流量数据进行监控和审计。

(3) 网络边界动态变化。在虚拟化环境中,虚拟机的迁移以及分布式资源调度都会导致网络边界一直处于动态变化的状态,这种边界不固定的虚拟化网络结构使得传统的分区、分域防护难以实现。另外,虚拟机迁移至的新运行环境可能会存在不可预测的安全风险。

(4) 虚拟化平台自身的安全。如果虚拟化平台自身存在安全漏洞,那么攻击者就可能将虚拟机当作跳板,然后通过网络来攻击虚拟化平台的 API,或者利用虚拟化平台的漏洞,通过虚拟机直接攻击底层的虚拟化平台,使得整个云平台瘫痪。

（5）资源恶意竞争。在虚拟化环境下，一个硬件环境会被多个虚拟机共享，因此各虚拟机之间可能会存在着较为激烈的资源竞争，往往在虚拟机之间出现恶意强占资源的现象。如果不对每个虚拟机可以利用的资源进行一定的权限设置，将会导致一些虚拟机拒绝或暂停服务，严重影响云服务的质量。

（6）虚拟机安全管理复杂。一个硬件环境里有着上千个虚拟机，在同一时刻管理这么多虚拟机的安全策略和状态，其强度和难度都非常大。

（7）过去基于主机的安全技术手段不再适用。传统的安全防护措施和工具都是基于物理机开发的，因此它们不再适用于虚拟环境下的虚拟机。

（8）管理员权限过度集中。传统数据中心往往由多名管理员来分别管理中心的网络、数据、服务器和存储等，而在虚拟化环境下往往由一名管理员进行管理。例如，在传统互联网数据中心（IDC）机房中，用户一般是向机房直接租用机柜或服务器，服务器的权限由用户自己进行管理，而整个机房的网络环境以及物理基础设施的维护则由机房的管理员来负责。另外，对管理员的权限控制、操作审计和合规性检查的严重缺乏，都使得管理员的权限过于集中，一旦管理人员由于业务不熟或操作失误造成虚拟机系统的配置错误等问题，就可能会导致用户服务的中断或用户数据的丢失。

虚拟化安全的研究是云计算发展的基本安全保障。近几年，国内外对虚拟化安全与云计算应用的研究成果呈现持续增长的趋势，虚拟化安全已成为云安全的关键问题。但目前虚拟化安全的研究还处于起步阶段，仍然面临着许多亟须解决的问题，云计算平台的虚拟化安全需要更加完善的防护技术以及更协调、统一、高效的应急处理机制。

6.2.2　虚拟化安全事件

虚拟化安全面临着很多的安全威胁，各种虚拟化安全事件频频发生。下面就对其中的两个虚拟化安全事件进行介绍。

1. Crisis 病毒

2012 年 7 月，第一个感染 VMware 的病毒 Crisis 出现，并最先被杀毒软件厂商 Intego 发现。Crisis 是一个专门针对 Mac OS 和 Windows 用户的计算机木马病毒，它能够窃取即时通信软件的聊天记录以及浏览器网址等个人敏感信息，例如记录 Skype 的通话、窃取 MSN 和 Adium（Mac OS 上的即时通信客户端）上的聊天信息、跟踪 Firefox 以及 Safari 等浏览器的历史记录等，并且在获得这些敏感信息后还会将它们发送到远程服务器上。另外，Windows 版本的 Crisis 病毒还能感染 VMware 虚拟机映像、Windows Mobile 设备以及 U 盘等，它能窃取和拦截虚拟机中的数据，这些数据包括网上购物的金融信息等。

Windows 版的 Crisis 病毒能够感染 VMware 虚拟主机。它主要是利用社会工程学原理进行攻击，它会诱骗用户运行一个 Java Applet，然后对用户的计算机系统进行标识，并根据用户系统类型（Windows 或 Mac OS）安装相应的加载程序。安装完成后，该病毒会在被感染的计算机里搜索 VMware 虚拟机映像文件，如果找到了相关的映像文件，它就会使用 VMware Player 工具将其自身复制到虚拟机映像文件中，从而感染 VMware 虚拟主机,之后它还会感染与计算机相连的 Windows Mobile 设备,在设备上安装一个流氓模块以窃取用户敏感信息。

2. VENOM 漏洞

CrowdStrike 公司的安全研究员称,市面上流行的大多数虚拟化平台都存在一种名为 VENOM("毒液")的 QEMU 安全漏洞,这种安全漏洞最早是由 CrowdStrike 公司的高级技术人员在检查虚拟化平台安全性时发现的,它存在于虚拟机中的虚拟软盘驱动器(Floppy Disk Controller,FDC)中,能造成虚拟机逃逸,让攻击者越过虚拟化技术的限制,直接对宿主机进行访问及监控,并通过宿主机的权限来访问该宿主机上的其他虚拟主机。CrowdStrike 公司的安全研究人员表示,攻击者可能会利用 VENOM 漏洞来危害数据中心网络中的任何一台主机,上百万个虚拟机将处于网络攻击的风险之中。

VENOM 是一个存在于虚拟软盘驱动器代码中的 QEMU 安全漏洞,QEMU 是一款可以让用户管理虚拟机的开源计算机模拟器。在虚拟化环境下,客户操作系统会通过向虚拟 FDC 的输入输出端发送搜索、读取、写入、格式化等指令与虚拟 FDC 通信,QEMU 的虚拟 FDC 会使用一个固定大小的缓冲区来存储这些指令及其相关参数,虚拟 FDC 跟踪并预计每条指令需要多少数据,在指令所有预期的数据接收完成后执行下一条指令并清空缓冲区。而 VENOM 漏洞正是从客户端向虚拟 FDC 发送指令以及经过精心制作的参数,致使虚拟 FDC 的缓冲区溢出,从而在主机的监控程序进程环境中执行恶意代码。

VENOM 漏洞的危害性极大,它一旦控制了宿主机,就会利用宿主机强大的性能进行暴力破解密码、获取宿主机所有虚拟机上的 RSA 私钥和数据库等一系列攻击。另外,它的影响范围也十分巨大,虚拟化平台上成千上万个需要依靠虚拟机分配共享存储、技术资源以及隐私服务的终端用户都将面临网络攻击的安全威胁。

6.3　虚拟化面临的安全威胁

虚拟化技术是云计算的核心技术,它能帮助云计算合理配置资源,从而提高物理基础设施的利用率,促进节能减排,同时也能简化云计算环境中资源的访问和管理过程。但是,虚拟化技术在改变传统计算模式,使得云计算采用全新的技术结构、组织结构、进程以及管理系统的同时,也带来了虚拟机蔓延、虚拟机暂态隐患、状态恢复隐患、特殊配置隐患、运行威胁等很多潜在的安全威胁。另外,随着虚拟化技术的不断普及和应用,其潜在的安全漏洞也日益显现,针对虚拟化架构的安全威胁以及攻击手段也日益增多,严重影响着虚拟化平台的安全。其中,比较常见的虚拟化安全攻击包括虚拟机逃逸、虚拟机跳跃、虚拟机窃取和篡改、拒绝服务攻击、虚拟机移植攻击、指令漏洞攻击、VMBR 攻击等。下面将选取其中的一些安全隐患和安全攻击进行介绍。

6.3.1　虚拟机蔓延

虚拟机蔓延是指由于虚拟机被大量创建,致使回收计算资源或清理虚拟机的工作越来越困难,即虚拟机繁殖失去控制,它会对系统的安全性、资源的利用率以及使用成本等产生影响。

随着虚拟化技术的日益完善,其独特的优势得到了全球越来越多的企业的青睐,虚拟化技术在IT系统中迅速得到普及和应用。从2009年开始,虚拟机的数量就已经超过了硬件服务器的数量。随着虚拟化技术的普及和不断发展,创建虚拟机越来越容易,而单台物理服务器上运行的虚拟机数量也在迅速增长,因此,一旦不能在数量上适当地对虚拟机的创建和部署进行控制,以及在虚拟资源配置上进行合理的分析和限制,就会产生虚拟机蔓延的现象,尤其在监管松散的大型公司,这种现象更容易出现。

总的来说,虚拟机蔓延主要有幽灵虚拟机、僵尸虚拟机以及虚胖虚拟机3种表现形式。

1. 幽灵虚拟机

幽灵虚拟机在创建的时候往往没有经过合理的验证和审核,从而产生不必要的虚拟机配置,而企业往往会由于业务上的需求会保留一定数量的冗余虚拟机,因此这些幽灵虚拟机就被保留了下来。当这些虚拟机被弃用后,如果在虚拟机的生命周期管理上缺乏控制,那么随着时间的推移,将不会有人知道这些虚拟机的创建原因,因此管理人员并不敢删除或回收这些虚拟机,从而只能任其消耗计算资源。

2. 僵尸虚拟机

在实际的信息系统中,虚拟机往往由于生命周期的管理流程存在缺陷而缺乏控制,这使得许多已经停用的虚拟机及其相关的虚拟机镜像文件仍然保留在硬盘上,甚至还会为了备份而保留这些虚拟机镜像文件的多份副本,这些占据着服务器的大量存储资源的虚拟机就是僵尸虚拟机。随着虚拟化技术的不断进步,虚拟机的创建越来越简单,这使得用户经常会创建上千个虚拟机。但是,随着时间的推移,管理人员并不能区分出哪些虚拟机正在使用,哪些虚拟机已经被弃用,因此整个虚拟化平台上将存在着大量的僵尸虚拟机,这些僵尸虚拟机会对系统的资源以及系统的安全性带来很大影响。

3. 虚胖虚拟机

虚胖虚拟机指的是在配置时被分配了过高的CPU、内存或存储容量等资源,而在实际部署后这些资源却没得到充分利用的虚拟机。虚胖虚拟机占据着分配给它们的CPU、内存以及存储资源而并没有有效地利用这些资源,这样会使得其他资源匮乏的虚拟机无法使用这些资源,长期下去会造成严重的资源浪费,影响企业业务运转的效率。

虚拟机蔓延对系统的安全性造成了很大的影响。首先,随着虚拟化技术的不断进步和完善,如今用户仅用数秒就可以完成对虚拟机的创建和部署。对于虚拟化平台的管理人员来说,要对这些虚拟机进行安全防护、监控管理以及升级更新却是很难的,虚拟机蔓延更是极大地增加了安全管理人员的工作难度和工作负担。其次,同一台物理机上一般会运行多个虚拟机,尤其是在虚拟机蔓延的情况下,单台物理机上的虚拟机数量会更多,这些虚拟机上的所有客户操作系统都可以直接访问网络,一旦安全防护措施不能有效地保护虚拟机的安全,将极有可能使得虚拟机面临网络入侵等一系列网络安全威胁。例如,攻击者可以很容易地入侵和利用一个废弃的虚拟机,进而访问Hypervisor或其宿主机上的其他虚拟机,从而严重损害系统的安全性。再次,虚拟机蔓延会使得资源的利用率下降,例如大量弃用的僵尸虚拟机仍然消耗着一定的计算资源,其虚拟机副本已经无效,却仍然占据着存储资源,这些僵尸虚拟机对数据中心的硬件资源造成了极大的浪费,使得资源的利用率变得很低。最后,虚拟化蔓延还会造成软件许可证、服务器、存储设备及时间等成本的增加,也增加了虚拟机的使用成本。

6.3.2　虚拟机逃逸

虚拟机逃逸指的是由于虚拟化平台存在的安全漏洞或虚拟机之间不正确的隔离方式,使得虚拟机之间的隔离失效,从而让获得 Hypervisor 的访问权限的非特权虚拟机入侵同一宿主机上的其他虚拟机,如图 6-6 所示。在正常情况下,同一个虚拟化平台下的虚拟机之间是不能够相互监视的,平台中的任意一个虚拟机都不会影响其他虚拟机及其进程。

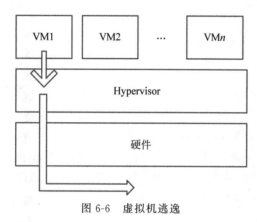

图 6-6　虚拟机逃逸

第 5 章曾经介绍过 Hypervisor,它是运行在物理服务器和操作系统之间的中间软件层,是所有虚拟化技术的核心,其功能是对主机的底层硬件资源进行逻辑抽象,并将虚拟化的资源分配给虚拟机。比起操作系统,小巧、简单的 Hypervisor 往往能够防御很多程序的低级漏洞威胁,因此更加安全。但是,攻击者仍然会利用 Hypervisor 对其他虚拟机发起虚拟机逃逸攻击。

攻击者进行虚拟机逃逸攻击前,往往会先获取 Hypervisor 的访问权限甚至入侵或破坏 Hypervisor,然后再对其他虚拟机展开攻击。Hypervisor 在虚拟机操作系统和主机操作系统之间起到指令转换的作用,因此攻击者可以先控制虚拟化平台上的一个虚拟机,然后通过一定的手段在这个虚拟机内部产生大量随机的 I/O 端口活动,导致 Hypervisor 崩溃。一旦 Hypervisor 被攻破了,攻击者就可以任意访问 Hypervisor 所控制的所有虚拟机以及主机操作系统,攻击者甚至还可以在主机操作系统上执行恶意代码,进而入侵企业的内部网络,最终威胁整个云计算平台的安全。

6.3.3　虚拟机跳跃

虚拟机跳跃指的是通过一个虚拟机监控其他虚拟机或接入其所在的宿主机的现象。虚拟机跳跃是虚拟化安全中的一种常见攻击手段,攻击者往往基于一个虚拟机通过某种方式获取同一个 Hypervisor 上的其他虚拟机的访问权限,继而对这些虚拟机进行攻击,如图 6-7 所示。虚拟机跳跃与虚拟机逃逸的区别在于前者不需要获得 Hypervisor 的访问权限或对其进行破坏,而是利用 Hypervisor 上虚拟机之间能够通过共享内存、网络连接或其他共享资源进行相互通信的特点来实现攻击。

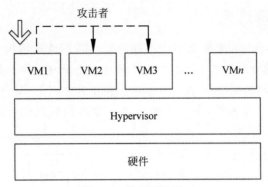

图 6-7　虚拟机跳跃

通常情况下,虚拟机跳跃可以分为两种情况:

(1) 位于某个虚拟机上的攻击者通过某种方式越过了 Hypervisor 层并获得了宿主机操作系统的控制权限,那么攻击者就可以对主机上的任意一个虚拟机进行攻击破坏。攻击者不仅能够监控流经其他任意一个虚拟机的流量,通过控制或篡改流量来攻击其他虚拟机,还可以通过修改配置文件来篡改其他虚拟机的配置,致使正在运行的虚拟机被迫停止运行,并且还会导致与遭受攻击的虚拟机相关的通信被迫中断,造成不完整的通信,从而严重破坏信息系统。

(2) 攻击者使用一个恶意的虚拟机,通过虚拟机之间的通信方式悄悄地访问或控制该 Hypervisor 上的其他虚拟机。攻击者可以利用恶意的虚拟机来确定 Hypervisor 给其他虚拟机分配的内存的具体位置,然后就可以在那个位置进行读取和写入,从而实现在未经过授权的情况下通过虚拟机跳跃攻击来对其他虚拟机进行访问,进而干涉其他虚拟机的操作。

6.3.4　拒绝服务攻击

在虚拟化基础架构中,拒绝服务攻击(DoS)指的是,如果管理人员在 Hypervisor 上制订的资源分配策略不严格或不合理,攻击者利用单个虚拟机消耗所有系统资源,从而造成其他虚拟机由于资源匮乏而无法正常工作或提供服务的现象。虚拟化系统外的攻击者往往会利用拒绝服务攻击来降低云服务的可用性,通过降低云计算的运行质量来让云用户流失,从而达到其商业性的攻击目的。

除此之外,在拒绝服务攻击的基础上还产生了一类新的攻击方式:分布式拒绝服务攻击(DDoS)。单一的 DoS 攻击是采用一对一的方式进行的,而 DDoS 则是利用网络上多台已被攻陷的计算机作为僵尸主机对特定目标进行攻击,这些僵尸主机指的是感染了具备恶意控制功能的代码的主机。攻击者利用这些主机能进行远程攻击,当僵尸主机的数量达到 10 万台以上时,攻击者就会利用僵尸主机发动大规模的 DDoS 攻击,这在云计算中更是很容易实现的。2010 年,David Bryan 在 Defcon 大会上公开演示了如何仅用 6 美元的成本就能利用亚马逊 EC2 云计算服务对目标网站发起致命的 DDoS 攻击。暴力式的云拒绝服务攻击呈现大幅上涨的趋势,其节点数目以及攻击的强度也在逐年提高。统计信息显示,2005 年 DDoS 攻击数量达到顶峰时的带宽是 3.5Gb/s,而到了 2006 年则超过了 10Gb/s,且由于攻击的规模受到了互联网骨干连接能力的限制,其真实的流量可能还会更高。Arbor 公司的 2010 年网络基础设施安全调查报告显示,当带宽超过 20Gb/s 的时候,发生了 3500 多起针对云计算环境、数据中心的 DDoS 攻击事件。

网络中的数据包是利用 TCP/IP 进行传输的,如果传输的数据包数量过多,则会引起服务器或网络设备过载,攻击者正是基于这一点发起 DDoS 攻击。他们往往会利用某些网络协议或应用程序的缺陷来人为构造不完整或不正常的数据包,从而造成服务器或网络设备由于长时间处理数据而消耗过多的系统资源,从而无法响应正常的业务。

DDoS 攻击一般很难防御,因为非法流量总是和正常的流量相互混杂,并且很难区分非法流量与正常的流量,而非法流量又没有固定的特征,因此无法利用特征库来对其进行识别。另外,很多 DDoS 攻击使用了伪造的源 IP 地址来发送报文,这种源地址欺骗的技术手段可以让其躲避基于异常模式识别的检测工具。

6.3.5　虚拟机移植攻击

虚拟化平台一般根据用户的特定服务需求动态地创建虚拟机,并将其提供给用户。当服务结束或用户要求撤除云服务时,这些动态创建的虚拟机应该被销毁,其对应的真实物理资源应该经过数据擦除后再分配给此后请求资源的用户。但是,在很多情况下云服务供应商并不关注残留数据的清除问题,存储介质中的数据由于没有经过一定级别的擦除处理而未被彻底清除,残留的数据在安全条件较低的环境中可能会在无意中泄露用户的敏感信息。一旦残留在存储介质中的数据信息被攻击者非法获取,攻击者可能会通过残留的痕迹获取用户的操作特性或用户数据占用空间大小等参数,甚至可能会对用户数据进行恢复,从而发生数据泄露事件,给用户带来严重的损失。

另外,当虚拟机从一台物理服务器迁移到另一台物理服务器上时,也可能无法做到将数据从源宿主物理服务器上彻底清除,残留在磁盘中的数据可能会被攻击者恶意恢复。另外,虚拟机的动态迁移也增加了安全监测与审计的复杂度,在迁移的过程中,虚拟机的敏感数据可能会被窃听或窃取,而且虚拟机在不同服务器之间自动迁移可能会让一些重要的虚拟机迁移到不安全的目标物理服务器上,例如从内部网络迁移到了非军事化区(Demilitarized Zone,DMZ),从而被恶意攻击者攻击;也有可能把不安全的虚拟机迁移到了安全区域,给原本安全的网络带来安全威胁。

6.3.6　VMBR 攻击

VMBR(Virtual Machine Based Rootkit,基于虚拟机的 Rootkit)攻击是一种基于虚拟机的 Rootkit 攻击。Rootkit 攻击是一组用于隐藏恶意入侵活动的工具集。攻击者入侵计算机的主要目的是获得系统的高度控制权,这样它就能够避免入侵检测,同时还能监控、拦截甚至篡改系统中其他软件的状态和动作,而系统防御者只有获得比攻击者更高的系统控制权,才可能检测出恶意的入侵活动。由于计算机系统的层次关系,只有系统防御者获得系统底层的控制权,才能在一定程度上抵御攻击者的入侵。

原始的 Rootkit 只是一些简单的用户级程序,系统防御者通过用户级的入侵检测系统就可以很容易地将它们检测出来。随后,Rootkit 转移到操作系统内核,内核级的 Rootkit 通过修改内核数据结构来隐藏恶意程序,与此同时,入侵检测系统也深入到操作系统内核层来进行安全检测,从而使得 Rootkit 丧失了隐藏自身和控制系统的优势。随着虚拟化技术的应用和普及,利用虚拟化技术实现的 Rootkit 又一次打破了平衡,基于虚拟机的 Rootkit 能获得更高的操作系统控制权,从而可以提供更多的恶意入侵功能,并且还能将自身的所有状态和活动完全隐藏起来,这给系统防御带来极大的挑战。

VMBR 攻击如图 6-8 所示,它的基本思想是在目标操作系统之下安装一个虚拟机监视器(VMM),把目标操作系统上移,变成一个虚拟机,这样在 VMM 中运行的任何恶意程序都不会被运行在目标操作系统上的入侵检测程序发现。在虚拟化基础架构中,如果攻击者能成功将 Hypervisor 篡改成一个 VMBR,那么将会给虚拟机中的所有用户数据以及应用程序带来严重威胁,因为在 Hypervisor 上运行的所有虚拟机都将被攻击者所控制,并且攻击者还能够在 Hypervisor 上运行任意的恶意程序。

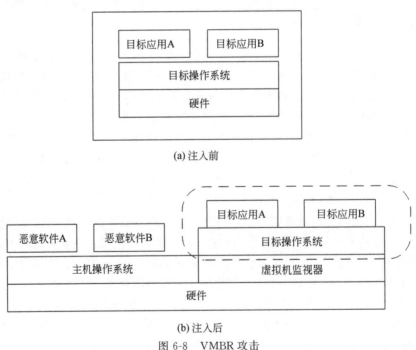

(a) 注入前

(b) 注入后

图 6-8　VMBR 攻击

微软公司和密歇根大学的研究人员曾实现了一种名为 SubVirt 的 VMBR,它依赖于 VMware 这样的商用虚拟化软件来构建虚拟化环境,并且需要主机操作系统来为其自身的运行提供支持。VMBR 的组件有虚拟化软件 VMM、主机操作系统以及运行在其上的恶意软件,在 SubVirt 注入前,目标操作系统直接运行在硬件上,而在 SubVirt 注入后,目标操作系统则上移,建立在虚拟化软件 VMM 上的一个虚拟机上。恶意软件与目标操作系统分离,运行在主机操作系统或 VMM 上,因此目标操作系统无法检测出恶意软件,更无法对其进行修改和删除。与此同时,VMM 还能掌握目标操作系统上所有用户数据以及应用程序的运行状态,因此 VMBR 可以对这些数据、事件以及状态进行任意的修改而不被目标操作系统发现。

6.4 虚拟化安全解决策略

随着云计算的应用和普及,作为云计算核心技术的虚拟化技术也因其独特的优势而受到各 IT 企业的欢迎。但是,虚拟化在提高硬件基础设施利用率、提升企业运营效率的同时,也给云计算带来许多未知的安全隐患,针对虚拟化的安全攻击更是层出不穷。例如,虚拟机蔓延侵占数据中心资源,从而大大降低系统性能;虚拟机逃逸入侵内部网络,从而严重影响虚拟机安全;虚拟机跳跃截获虚拟机流量,从而中断虚拟机通信;Hypervisor 层引入获取控制权,从而严重威胁虚拟机运行。

为应对虚拟化带来的各种安全挑战,应该对物理主机、主机操作系统、虚拟机操作系统及其应用程序、Hypervisor 等进行全方位的安全部署,确保云计算基础设施的安全。其中,Hypervisor 和虚拟机的安全防护最为关键。Hypervisor 的安全防护主要通过简化 Hypervisor 功能以及保护 Hypervisor 完整性来实现,另外还需要保障虚拟机的资源隔离性、通信安全性、数据安全性以及代码完整性等。而虚拟机的安全防护则需要结合基于虚拟化框架的安全监控,采取划分安全域、制定访问控制策略等措施来实现对操作系统和应用程序的安全防护。第 5 章已经对 Hypervisor 安全机制,虚拟机监控机制以及流量安全防护进行了详细介绍,本节接下来的内容将介绍其他虚拟化的安全解决策略。

6.4.1 宿主机安全机制

宿主机的安全直接影响着整个虚拟化环境的安全,因为攻击者一旦能够访问物理宿主机,那么它们就能够对宿主机上的所有虚拟机展开各种形式的攻击,例如,攻击者可以在宿主机的操作系统上利用网络嗅探攻击来捕获网卡中流入或流出的数据流量,通过对流量的分析来实现对虚拟机通信数据的篡改来破坏虚拟机通信;攻击者还可以在不登录虚拟机系统的情况下,直接使用宿主机操作系统的特定功能来杀死虚拟机进程、关闭虚拟机或监控虚拟机资源的使用情况,甚至可以删除整个虚拟机,或利用 U 盘、光盘等窃取存储在宿主机操作系统上的虚拟机镜像文件。由此可以看出,宿主机得到安全保护是虚拟机免遭恶意攻击者攻击的前提。

目前,传统的安全防护技术已经发展得较为成熟,绝大多数传统的计算机系统都已经具备了包含物理安全、操作系统安全、入侵检测与防护、补丁更新与远程管理技术、防火墙等方面的较为完善且有效的安全机制,而这些安全技术同样可以有效地保障虚拟系统的安全。因此,在虚拟化环境下仍然可以使用传统的安全防护技术来实现对承载虚拟机的宿主机的安全防护。

云计算平台的主机包括服务器、终端/工作站、安全设备/系统等计算机设备,而主机安全主要指的是它们在物理层面和操作系统层面的安全。

为保障主机的安全,在物理层面可采取的安全措施如下:

(1) 任何进入服务器机房的访客必须经过安保人员的许可或持有门禁卡,才能被允许进入服务器机房。

(2) 对 BIOS 的设置应规定只能从主硬盘启动,除此之外禁止从任何设备启动。另外,要对 BIOS 进行密码设置,防止启动选项被非法篡改。

(3) 要做好对宿主机、客户机操作系统以及第三方应用的所有外部端口的控制工作,防止攻击者的非授权访问。

(4) 服务器安装完毕并且初始化启动后,要拆除软驱以及光驱。

(5) 服务器机房中的主机和机箱要用安全锁固定,以防止硬盘被盗。

另外,在操作系统层面可采取的安全措施包括以下几个:

(1) 在宿主机上部署独立的防火墙和入侵检测系统,并给每个可以访问操作系统的用户分配一个账户,在服务开启前要使用防火墙进行限制,确保只有被信任的访客才能访问操作系统。

(2) 采取严格细致的认证策略和访问控制,可以严格限制非法认证的次数,如果有用户连续一定次数登录失败,那么系统将会自动取消该用户的账号。另外,系统还应该严格限制用户登录访问的时间和范围,对超出规定时间或允许的访问范围的用户,系统会对这些用户的访问一律加以拒绝。

(3) 在操作系统中使用的密码尽量使用由字母、数字以及符号充分混合的、尽可能长的、让人很难猜测的高强度密码,并且密码要定期更换。

(4) 要及时对宿主机操作系统进行系统升级和补丁更新,但在升级和更新前要先在非工作环境中进行测试,以免宿主机操作系统由于升级失败而影响到其上运行的虚拟机。

(5) 系统中不常使用或者不必要的服务(尤其是网络服务)和程序应尽量关闭。

6.4.2　虚拟机隔离机制

在多实例的虚拟化环境中,虚拟机之间的隔离程度在很大程度上影响着该虚拟化平台的安全性,因为如果虚拟机之间没有做好有效的隔离,那么虚拟机之间就会彼此影响,从而带来很多安全隐患。例如,如果有一个虚拟机发生了错误,那么该错误可能会影响到其他的虚拟机,甚至还可能会影响整个系统,导致系统瘫痪。再如,某个虚拟机的性能下降可能会影响到其他虚拟机的性能,从而影响其他虚拟机上服务的性能,给用户造成巨大损失。由此可见,虚拟机之间的隔离对于虚拟机环境的安全至关重要。

虚拟机隔离机制主要包括基于访问控制的逻辑隔离机制、进程地址空间的保护机制和内存保护机制等,这些机制能够让各虚拟机独立运行而互不干扰,如果多个虚拟机的进程或应用程序之间需要进行通信,则必须先对网络进行有效的配置,因此虚拟机隔离机制对于提高虚拟化环境的安全性有着重要意义。

虚拟机安全隔离的研究一般以 Xen 虚拟机监视器为基础,其中比较突出的研究成果是林昆等研究人员于 2010 年提出的一种虚拟机安全隔离架构,它依赖硬件的安全内存管理(Secure Memory Management,SMM)和安全 I/O 管理(Secure I/O Management,SIOM),这两种手段可以有效提高 VM0(Xen 的虚拟机管理域)和虚拟机之间的隔离性。该架构将 VM0 中重要的内存和 I/O 虚拟功能转移到虚拟引擎上,实现用户虚拟内存和 VM0 内存的相互隔离,并取消了对 VM0 中央控制的依赖,从而能够确保对客户虚拟机和 VM0 进行高强度的隔离。下面分别对 SMM 和 SIOM 进行介绍。

1. 安全内存管理

虚拟机共享或重新分配硬件资源时可能会存在着很多安全风险。例如,虚拟机如果占用了额外的内存,而没有在释放的时候重置这些区域,那么分配在这块物理内存上的新的虚拟机可能会读取其中的敏感信息。SMM 正是通过提供加解密服务来实现客户虚拟机内存和 VM0 的相互隔离。在 SMM 架构中,所有虚拟机分配内存的请求都将由 SMM 进行处理,Hypervisor 只会将 SMM 控制的内存分配给用户虚拟机,SMM 会利用 TPM 系统产生和发布的加解密密钥对虚拟机分配到的内存中的数据进行加解密,这样,如果 VM0 暂停了一个虚拟机,那么转存到 VM0 存储区的数据都是加密的,这样就可以实现对客户虚拟机内存和 VM0 内存的隔离。

2. 安全 I/O 管理

在使用 Xen 虚拟机管理设备的物理主机上的客户虚拟机都分配了虚拟 I/O 设备,这些虚拟 I/O 设备可以在多个虚拟机之间进行资源复用、资源分工以及资源调度等一系列的物理 I/O 资源调度。在 SIOM 安全管理架构中,每个虚拟机的 I/O 访问请求都会经由自己的虚拟 I/O 设备发送到 I/O 总线上,再由虚拟 I/O 控制器根据相关协议以及虚拟机内存中的数据来决定当前的 I/O 操作,确定好后,就可以通过虚拟 I/O 总线访问真实的物理 I/O 设备。在 SIOM 架构中,每个客户虚拟机都分配了一个专用的虚拟 I/O 设备,这样虚拟机的 I/O 访问就不用再经过 VM0,从而实现虚拟机 I/O 操作的隔离。与此同时,VM0 中如果发生故障,也不会对这个 I/O 系统造成影响。

另外,还可以通过访问控制机制来增强虚拟机之间的隔离性。目前比较典型的虚拟机访问控制模型是 sHyper,这是一种通过访问控制模块来控制虚拟机系统进程对内存的访问,从而实现内部资源的安全隔离的一种架构模型。sHyper 集成了 Xen 的安全模块 XSM,该模块可以支持虚拟机之间的访问控制、资源控制以及隔离虚拟资源等安全请求。在执行访问控制策略的过程中,sHyper 会先收集虚拟机标签、访问操作类型等本次虚拟机访问操作的相关信息,然后调用 XSM 模块来判定虚拟机对其请求的资源的访问权限,最后再根据判定结果实施访问控制策略。

利用 sHyper 可以控制单台物理主机上多个虚拟机之间资源的隔离,但是无法解决大规模分布式环境下的虚拟机隔离安全问题。针对这一点,有研究者在 sHyper 的基础上提出了一种名为 Shamon 的分布式强制访问控制系统。该系统在各独立的物理节点上部署 MAC 虚拟机管理器,管理器里包含了节点间的共享参考监控器,跨物理节点的用户虚拟机在通信上使用相同的 MAC 策略,而这些 MAC 虚拟机管理器则会对不同用户虚拟机之间信息流的传递进行控制。另外,Shamon 还会在各节点间构造安全 MAC 标记通道,通过 MAC 标记执行安全策略来保护跨节点的用户虚拟机通信的安全性。但是,由于

Shamon 是针对虚拟机集合采取访问控制的系统,它的安全策略较为单一,灵活性不够,并且建立节点间安全通信通道的认证过程非常烦琐,因此其效率较为低下,不太适合云计算环境下的多级访问控制。

6.4.3 无代理和轻代理机制

无代理(agentless)安全模式是相对于传统有代理安全模式提出的。在虚拟化技术早期阶段,安全解决方案尚无适应虚拟化的防护模式,一般采用传统的安全防护策略,在每个虚拟机上都部署安全防护产品套件,即所谓的安全代理,这种安全防护模式被称为基于代理(agent-based)的安全模式。

随着云计算和虚拟化技术的大规模应用,基于代理的安全模式出现了很多弊端。由于采用每个虚拟机都安装安全软件的部署模式,对物理宿主机的存储空间、内存资源占用比较大,这违背了云计算使用虚拟化技术节约 IT 资源的初衷。分散部署安全代理软件的模式给服务器整合工作带来了不必要的负担。另外,基于代理的安全模式不能保证各虚拟机均更新为最新版本并且其补丁均得到了完整的加固,只要一个虚拟机存在漏洞,就可能对整个虚拟化环境造成安全威胁。

无代理安全模式从宿主机整体考虑,在宿主机的虚拟化层对虚拟机进行安全检测,用户无须在每个虚拟机中部署安装安全防护代理程序,将安全防护进程移出各个单独的虚拟机,集中部署在一个虚拟安全服务器中运行,分时扫描各应用服务器虚拟机,管理虚拟化环境下其他所有虚拟机的安全防护。

然而,无代理安全模式也存在一些问题,由于每个虚拟服务器运行的应用对安全防护策略的要求不尽一致,因而集中设置的防护策略区分粒度不够精细,不易实现差异化策略设定。而且如果安全虚拟服务器被攻破,则全体应用服务器虚拟机的安全防护随之瓦解,出现单点失效问题。

随着虚拟化技术的不断演进,虚拟化平台安全解决方案经历了从无保护到有代理的传统保护,再到无代理保护的阶段,如今推出了全新虚拟化安全解决方案——轻代理安全模式。轻代理安全模式会在每台虚拟机上安装一个小型的软件代理。物理环境无须导入虚拟化平台,客户端在安装轻代理后,能自动注册到虚拟化管理控制中心,并被虚拟化管理控制中心所管理。

轻量的代理可以实现大量的安全功能,如应用控制、设备控制、入侵防御系统以及防护墙等安全防护功能,从而保障虚拟网络的安全。这些全面的安全功能弥补了无代理安全模式在安全防护方面存在的不足,成功实现了性能和安全防护之间的平衡。

6.5 本章小结

作为云计算的核心技术之一,虚拟化技术可以将各种硬件资源虚拟化成大规模的动态资源池,并通过该资源池动态地、按需分配地向用户提供计算资源,从而极大提高资源利用率,帮助企业减少对硬件基础设施的资金投入,同时还能提升运营效率。与此同时,虚拟化技术也给云计算环境引入了许多新的安全问题,传统的安全防护措施已经无法再保障云计算环境的安全,提出针对虚拟化的安全防护手段十分必要。

本章首先对虚拟化技术进行了介绍,内容包括虚拟化技术的发展历程、虚拟化技术的定义、虚拟化架构、虚拟化的类型等,读者通过这部分内容可以对虚拟化技术有基本的认识。接着,对云计算环境下的虚拟化安全概况进行了梳理和分析,归纳总结出虚拟化给云计算环境带来的安全挑战,并对云计算领域两个比较典型的虚拟化安全事件进行了分析。从总体上介绍了虚拟化安全问题后,就开始深入地分析了虚拟化所面临的安全隐患中的虚拟机蔓延,接着介绍了 5 个虚拟化安全攻击,包括虚拟机逃逸、虚拟机跳跃、拒绝服务攻击、虚拟机移植攻击和 VMBR 攻击。针对虚拟化面临的各种安全威胁,本章的最后介绍了 3 个虚拟化安全解决策略,包括宿主机安全机制、虚拟机隔离机制以及无代理和轻代理机制。

虚拟化安全是云计算安全的重中之重,因此读者需要重点掌握本章的内容。通过本章的分析梳理可以看到,随着虚拟化技术的广泛应用,安全问题越来越多地暴露出来,云计算的虚拟化存在着许多安全隐患,针对虚拟化的安全攻击更是层出不穷,诸多关键问题亟须解决。为保证云平台安全,首先应该保证虚拟化安全,这既需要更加完善的防护技术,也需要协调、统一、高效的应急处理机制,因此,只有将技术与管理有机地结合在一起,才能为云平台安全提供保障。

6.6　思考题

(1) 虚拟化架构由哪 3 部分组成? 常见的虚拟化架构有哪 3 种?

(2) 虚拟化可分为哪几个种类?

(3) 服务器虚拟化的原理是什么? 它有什么优势?

(4) 虚拟化技术使得云计算环境下的网络边界变得模糊且动态多变,这会带来哪些安全挑战?

(5) 简述幽灵虚拟机、僵尸虚拟机、虚胖虚拟机这 3 种虚拟机蔓延的主要表现形式。

(6) 什么是虚拟机逃逸? 什么是虚拟机跳跃? 它们有什么区别?

(7) VMBR 攻击的基本思想是什么?

(8) 列举两个虚拟化安全解决策略。

第 7 章 操作系统安全

7.1 云计算操作系统概述

云计算操作系统又称云计算中心操作系统,它以云计算、云存储技术为支撑,对云计算中心进行运营、管理和维护,是建立云计算中心的整体基础架构软件环境。它是传统单机操作系统面向互联网应用、云计算模式的适应性扩展。与传统的操作系统不同,云计算操作系统不再只控制单台计算机中的软硬件资源,而是负责管理整个云计算数据中心的基础软硬件设备,提供基于网络和软硬件的服务。

云计算操作系统是构建于服务器、数据存储器、网络等硬件和操作系统、中间件、数据管理系统等软件之上的云计算综合管理系统,其组成通常包括大规模基础软硬件管理、虚拟计算管理、分布式文件系统、资源调度管理、安全管理控制等功能模块。它具有以下三大功能:一是管理和驱动海量服务器、存储等基础硬件;二是为云应用软件提供统一、标准的接口;三是管理海量的计算任务及资源调配和迁移。

常见的云计算操作系统主要有 VMware VDC-OS、Google Chrome OS、微软 Azure OS、eye OS、Joli Cloud OS 等,其基本框架结构如图 7-1 所示,主要包括 3 层:访问设备、云操作系统和物理资源。访问设备包括各类联网设备,通过云存储数据或请求服务;云操作系统以虚拟化技术为基础,提供对节点资源的动态调度、对数据存储资源和网络资源的安全管理、对各类服务的质量保证等核心服务;物理资源包括各类网络基础设施,它对用户来说是完全透明的。

用户可以将常使用的软件和编程开发的工具系统部署到云计算操作系统上,以便使用云端用户管理、性能检查、数据管理、在线办公等应用服务。云计算操作系统的应用使得用户能够通过互联网获取需要的计算资源、存储空间以及应用程序等,还能够有效降低对用户端硬件设备的要求和使用成本。然而,云计算操作系统在优化传统 IT 系统架构的同时,也给云计算安全带来了许多新问题,例如,操作系统和数据库系统层面的主机安全。

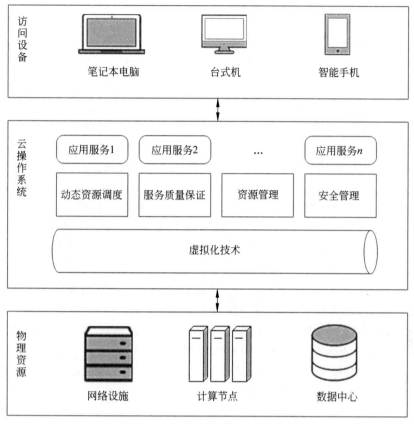

图 7-1　云计算操作系统的框架结构

7.2　主机安全概述

7.2.1　主机安全

主机安全是指包括服务器、终端/工作站以及安全设备/系统在内的所有计算机设备的安全。常见的主机安全问题包括身份认证、访问控制、系统漏洞等操作系统自身缺陷带来的不安全因素,以及操作系统的安全配置问题和病毒对操作系统的威胁等。通常来说,对主机的安全控制主要通过预防和检测这两种方式来实现。

云计算的主机安全一般通过设置安全基线和管理中心管理端来实现,两者通过管理网进行主机间通信。安全基线是指根据虚拟机系统的实际情况建立的相应基线,主要由安全配置、漏洞信息和系统重要状态 3 方面组成。安全配置主要包括账号、口令、IP 通信、授权等,其出现的问题通常是人为疏忽导致的,因此在进行安全配置时,安全人员可以根据实际情况统一定制规范;漏洞信息涵盖的漏洞包括系统漏洞、业务系统漏洞、功能框架漏洞等,可以细分为登录漏洞、缓冲区溢出漏洞、拒绝服务漏洞等,通常漏洞的出现都是系统自身缺陷所导致的;系统重要状态所监控的内容主要包括系统端口状态以及重要文件、账号和进程的变化。

云计算系统中往往存在海量虚拟机,因此管理和监控虚拟机的工作量往往很大。设置安全基线和管理中心管理端后,管理人员只需要对安全基线异常的虚拟机进行重点关注即可,大大减轻了工作量。通过监测安全基线,系统可以在第一时间发现可疑行为和流量,并发出告警,让部署于管理中心的管理端经由管理网实时接收宿主机、虚拟机安全信息,并向宿主机分配安全扫描和加固等任务,最后记录并回传扫描结果。通过对宿主机的安全配置进行扫描,可以及时发现已经存在或可能存在的漏洞,以便有针对性地对系统进行加固。值得注意的是,一套安全基线只适用于具有特定系统、架构和业务系统的虚拟机,而云计算系统中不同的虚拟机往往有着不同的系统和架构,相应地对于安全防护的需求也有所不同,因此要针对不同的虚拟机建立相应的安全基线。

云安全管理平台的主机安全常采用模块化的设计模式,使得安全功能能够灵活扩展,方便用户根据自身的情况灵活选择与应用。主机安全需具备以下功能:

(1) 防范恶意代码的能力。能够对云主机的关键位置进行主动防护和监测,解决病毒、木马感染云主机的问题。

(2) 安全访问控制能力。能够对云主机进行主机间的防火墙策略部署,解决主机间的相互攻击和感染问题,避免未授权的访问连接。

(3) 抵御外部攻击的能力。能够拦截外部对云主机的漏洞、账号的攻击及破解行为,保证云主机系统、应用和服务的安全、稳定。

(4) 感知云主机的安全状态并修复的能力。能够对云主机的统一安全状态进行扫描和修复,保证租户的云主机的安全基线统一。

7.2.2　云计算身份认证

身份认证也称身份验证或身份鉴别,通常指在计算机及计算机网络中确认操作者身份的过程,通过用户提供的访问凭证确定该用户是否具有对某类资源的访问或更改权限。用户可以是人,也可以是应用或服务,所有用户只有在被认证通过的情况下才能够对资源进行访问或更改。身份认证可以防止攻击者假冒合法用户获得资源的访问权限,保证系统和数据的安全以及授权访问者的合法利益。

真实世界中对用户的身份认证大致可以分成3种,分别是根据用户所知道的信息来证明用户身份,根据用户所拥有的东西来证明用户身份以及根据独一无二的生物特征来证明用户身份。通过类比的方法,可以将真实世界中的身份认证方法应用在云计算系统中,云计算系统主要通过密码认证、实物认证和生物认证来进行身份认证。

密码认证根据用户所知道的信息来证明用户身份。密码认证采用用户名/密码的方式对用户身份进行识别,该方法易实现、效率高,但安全性能不高,主要原因如下:一方面,许多用户的密码属于弱口令范畴,即使用易被猜测的字符串作为密码;另一方面,如果密码是静态数据,那么在验证过程中易被攻击者截获。因此,密码认证属于弱认证方式。

实物认证根据用户所拥有的东西来证明用户身份。实物认证通常使用智能卡或者USB Key来判断用户的身份。智能卡是一种内置集成电路的芯片,存储着与用户身份相关的数据,通过智能卡硬件不可复制的特性保证用户身份不被仿冒。此类方法简单,但是存在一定的安全隐患。在使用智能卡进行身份认证时,读卡器读取的智能卡的数据是静态的,攻击者可通过内存扫描或者网络监听等技术截获用户身份认证信息。USB Key 是一种动态密码,它采用软硬件相结合、一次一密的强双因子认证模式,由于每次的密码都会变化,即使攻击者截取了用户的身份认证信息,也无法在下次继续使用,可有效解决安全性和易用性之间的矛盾。

生物认证根据独一无二的生物特征来证明用户身份。生物认证使用人自身具有唯一性的生物特征来进行身份认证,使用传感器或者扫描仪来读取人的生物特征信息,将读取的信息和用户在数据库中的特征信息进行比对,如果一致则通过认证。目前,使用最多的生物认证是指纹识别技术。该方法实施较为复杂,成本较高,但是安全性强。因此,生物认证属于强身份认证。

在传统计算模式下,企业内部的计算机、网络、路由器等信息设备形成了一个可以被企业信息系统管理员完全控制的内部网络,即可信网络。位于网络边缘的边界路由器和防火墙将可信网络与外部网络隔离,形成一道可信边界。在这种模式下,企业可以较容易地实现用户身份认证和访问控制。但在云计算模式下,企业将一部分应用迁移至云端网络中,而另一部分应用仍置于内部网络中,两个网络共同构成企业信息系统运行的支撑网络。与传统模式相比,云计算模式主要具有以下特点:

(1) 网络结构改变。在云计算模式下,云服务的引入使得传统模式下的可信边界不复存在,可信网络也随之消失,企业无法控制所有的信息资源,从而导致传统的身份认证和访问控制无法得到有效的应用。

(2) 资源动态配给。企业将部分应用迁移至云端后,云端会根据应用的实时需要动态地进行资源配给,网络范围会一直处于动态变化之中,这将使得企业和云服务提供商的网络监控较难实现,进而影响身份认证和访问控制。

(3) 凭证保护。在云计算环境中,云服务总是通过无线网络访问获得的。无线网络相对于本地网络来说具有一定的风险性,攻击者可以通过网络截取用户身份凭证,从而导致用户身份被冒用。因此,身份认证中的凭证保护显得尤为重要,需要制定并严格执行有效的凭证保护策略。

根据上述安全挑战,云计算环境中的身份认证需要满足以下要求:

(1) 采用强认证方式。云计算的广泛应用是为了用户可以在任何时间、任何地点以任何终端设备访问服务。传统网络中使用频率较高的弱认证方式在这种模式下具有更高的风险性,易被攻破,从而导致用户数据的泄露。因此,强认证方式显得尤为重要。

(2) 采用多因子认证。在云计算环境下,单一的身份认证方式已无法满足云计算所需的高安全性要求,需要将两种或两种以上的认证方法结合起来进行身份认证,即多因子认证。

(3) 认证级别动态调整。云服务提供商提供的服务众多,但不同的服务具有不同的重要性和安全要求,因此,应根据应用服务的不同安全级别,采用不同级别的认证方式。通常,通过低级别认证的用户无法访问高级别的服务,而通过高级别认证的用户可以访问低级别的服务。

(4) 认证兼容。用户和云服务提供商通常采用多种认证方式。例如,一些高风险或高价值的行业用户通常采用强认证方式和多因子认证方式,但这些认证方式可能无法与某个云服务或云应用提供的认证方式相兼容。因此,认证兼容显得尤其重要。

(5) 支持认证委托。云服务的引入,使得企业的信息系统存在于两个域之中,一个是企业自身,另一个是云服务提供商。通常,在用户为了保护隐私而不把基本身份信息传送给云服务提供商的情况下,云服务提供商无法对用户身份进行认证,此时,用户身份认证过程就需要委托给用户自身或者用户所信任的第三方认证机构。

为了更好地规范云计算环境下的身份认证要求,许多企业和云计算产品厂商发布了身份和访问管理标准,将其应用于云身份认证,例如 SAML 和 OAuth 等。安全声明标记语言(Security Assertion Markup Language,SAML)标准定义了云服务提供商提供身份认证与授权服务的方式,是一个可在网络中多台计算机上共享安全凭证的开放标准,可使一台计算机代表其他多台计算机执行某些安全功能。SAML 通过利用 XML 的子集来定义系统用来接受或拒绝对象声明的请求回答协议。SAML 定义了认证、授权和属性 3 种声明,认证表示用户以前曾得到某种手段(如口令、硬件令牌或 X.509 公共密钥)的认证,授权表示确定用户是否有权访问特定系统或内容,属性表明用户与属性相关联。值得注意的是,SAML 没有规定声明的可信任程度,声明的可信任程度是由本地系统决定的,因此可能由于声明不准确而使身份认证的安全性受到影响。

OAuth(Open Authorization,开放授权)是一个联邦身份认证(Federal Identity Credentialing)广泛支持的 Web 服务标准,旨在通过使用安全 API 实现认证。OAuth 是一种基于用户登录的授权认证方式。例如,当用户使用第三方软件调用 Google Open API 操作自己的 Google 服务资源时,用户就要先对该软件授权。在授权过程中,第三方软件会引导用户登录 Google 服务,进行用户鉴权,用户通过 Google 身份鉴权后才能对第三方软件授权。显然,Google OAuth 只能对 Google 用户进行鉴权,其他用户体系的用户不能直接鉴权。为此,Google 公司提出了包含 OpenID 和 OAuth 协议的混合协议,将授权和认证过程结合以提高可用性。图 7-2 展示了包含 OpenID 和 OAuth 协议的解决方案,具体步骤如下:

(1) Web 应用请求用户登录。

(2) 用户选择使用 Google OpenID 进行登录。

(3) Web 应用请求发现 Google 认证服务 URL。

(4) Google 向 Web 应用返回 XRDS(eXtensible Resource Descriptor Sequence,可扩展资源描述符序列)信息,其中包含 Google 认证服务 URL。

(5) Web 应用请求用户登录 Google 服务,进行用户鉴权。

(6) Google 引导用户登录。

(7) 用户输入用户名和密码进行登录,同时确认是否对第三方软件授权。

(8) Google 认证中心返回用户 ID 与授权的 Request Token 给 Web 应用。

(9) 用户可以访问受保护的资源,同时可以继续第(7)步中 OAuth 认证余下的环节。

从上述流程可以看出,在 Google 解决方案中,将 OAuth 与 OpenID 的登录操作合并在一起,并且在登录的同时向 Google 认证中心发送 OAuth 请求,请求用户授权。这样,用户登录 Google,同时请求对应用授权,有效地提高了认证效率。

7.2.3　云计算访问控制

云计算的迅速发展改变了传统计算环境,在为人们的工作和生活带来方便的同时也

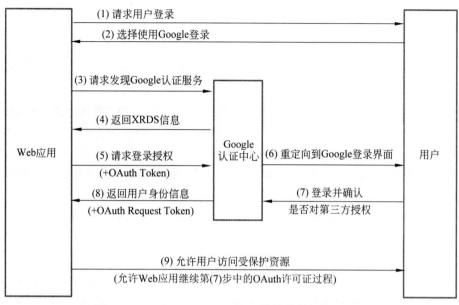

图 7-2 Google OpenID＋OAuth 协议的授权认证过程

引发了许多安全问题,其中,云服务器中的数据和计算安全尤其重要。访问控制是根据用户身份及其所归属的某个定义组来限制用户对某些信息项的访问或对某些功能的使用的一种技术,一般用于系统管理员控制用户对服务器、目录、文件等网络资源的访问,可以保障数据资源在合法范围内得以有效使用和管理。访问控制主要包括 3 方面的控制:一是防止非法用户访问受保护的系统信息资源;二是允许合法用户访问受保护的系统信息资源;三是防止合法用户对受保护的系统信息资源进行非授权的访问。

在传统计算环境中,用户的基本信息和用户访问的服务都在企业的可信边界内,所以访问控制技术可以有效保护信息资源,防止非法访问。但云计算环境中的计算模式和存储方式都发生了很大改变,主要体现在以下 5 个方面:

(1) 云计算环境中用户无法控制资源。

(2) 用户和云平台之间缺乏信任。

(3) 迁移技术可能导致数据要变更安全域。

(4) 多租户技术使得访问主体要重新界定。

(5) 虚拟化技术会让数据在同一物理设备上遭到窃取。

为了确保云计算环境中用户数据的机密性、完整性和可用性,访问控制需要进行一定的适应性调整。经典的访问控制模式主要由 3 个要素构成:主体、客体和控制策略。其中,主体(subject)是指提出请求或要求的实体,是某一操作动作的发起者,但不一定是动作的执行者,主体可以是某一用户,也可以是用户启动的进程、服务和设备等;客体(object)是指被请求访问的资源,所有可以被操作的信息、资源、对象都可以是客体,客体可以是信息、文件、记录等集合体,也可以是网络硬件设施、无线通信中的终端,甚至可以包含另外一个客体;控制策略(attribution)指主体对客体的访问规则集,即属性集合。

云计算环境下的访问控制技术主要包括以下 3 种:访问控制规则、访问控制模型以及加密机制。

访问控制规则是用于判断是否允许用户访问某类型数据的规则与方法。常用的访问控制规则有访问控制列表(Access Control List,ACL)和访问控制矩阵(Access Control Matrix,ACM),ACL 可在网络设备接口处决定流量的转发和阻塞,ACM 通过矩阵形式表示访问控制规则和授权用户的权限。

访问控制模型是根据访问规则的不同而建立的不同系统控制模型,主要分为 3 种:自主访问控制(Discretionary Access Control,DAC)、强制访问控制(Mandatory Access Control,MAC)和基于角色的访问控制(Role-Based Access Control,RBAC)。在自主访问控制中,主体对客体进行管理,由主体自己决定是否将客体访问权或部分访问权授予其他主体,代表模型有 HRU 模型;强制访问控制着重保护系统的机密性,遵循"不上读"和"不下写"两条基本规则,实现强制存取控制,防止具有高安全级别的信息流入低安全级别的客体,主要模型有 BLP 模型;基于角色的访问控制将权限与角色关联,用户通过成为适当角色的成员而得到这个角色的权限,主要模型有 RBAC96 模型、RBAC2000 模型。不同模型的应用环境有所不同。例如,DAC 模型适用于云服务提供商提供的 Web 服务,RBAC 模型则适用于非 Web 服务。

加密机制是指主体对数据进行加密,只有能够解密的客体才能对数据进行访问,从而实现对云中存储的数据以及主客体交互的保护,主要机制是基于属性的加密机制(Attribute-Based Encryption,ABE)。基于属性的加密机制又被称为模糊的基于身份的加密(fuzzy identity-based encryption)。与常见的公钥加密方案不同,ABE 实现了一对多的加解密。它不需要像身份加密一样,每次加密都必须知道接收者的身份信息,在 ABE 中,身份标识被看作一系列的属性,当用户拥有的属性超过加密者所描述的预设门槛时,用户就可以解密,即有访问的权限。

云计算环境下的访问控制体系框架如图 7-3 所示,其中云计算环境被分为用户(租户)、云平台、网络基础环境 3 部分。用户(租户)和云平台之间通过访问控制规则和访问控制模型确认用户身份,保障数据安全;云平台和网络基础环境采用访问控制规则;云平台中的虚拟机之间采取虚拟机访问控制技术;存储在云平台内部的数据采用基于访问控制模型和基于密码的访问控制技术实施访问控制;可信云平台计算和安全监控审计是在云环境下帮助实施访问控制技术的有效手段。

随着云计算技术的不断普及与发展,企业对云计算的依赖性不断增强,选取有针对性的访问控制技术越来越重要。一般来说,企业在确定访问控制技术时可从以下 3 方面考虑:

(1) 位置方面。考虑用户(租户)进入云平台时的访问控制策略,同时也要考虑云平台内部数据和资源对于需求者的访问控制以及虚拟机之间的访问控制。

(2) 规模方面。考虑粗粒度的访问控制,在云平台的大环境中对物理资源和虚拟资源进行访问控制,保护底层资源不被破坏;同时考虑细粒度的访问控制,保证云中的数据、信息流、记录等不被恶意人员所窃取。

(3) 设计方面。新的访问控制机制对于云计算环境必须具有灵活性,支持多租户环境;可伸缩,可处理成千上万的机器和用户;网络独立,底层网络拓扑结构、路由和寻址不耦合。

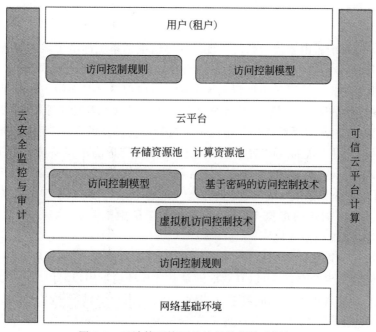

图 7-3　云计算环境下的访问控制体系框架

7.3　安全防护措施

7.3.1　虚拟防火墙

传统的网络流量大多经由路由器和交换机分发,因此可以对经过路由设备的流量进行分析与处理,通过可疑流量判断可疑行为。然而,随着虚拟化和云计算技术的不断发展,大量入侵流量只需在物理机内部的虚拟机间就可完成入侵行为,并不需要经由外部的路由设备,因此传统的防火墙已经不再适用于虚拟化的云计算环境。此外,当需要防护的业务服务器和业务部门规模庞大时,虽然可以通过采购更多的防火墙来解决,但是将增加网络的复杂度和网络维护人员的工作量。

为解决上述问题,虚拟防火墙出现了。虚拟防火墙是指将一个防火墙在逻辑上划分成多个虚拟的防火墙,每个虚拟防火墙系统都可以被看成一个完全独立的防火墙设备,拥有独立的系统资源、管理员、安全策略、用户认证数据库等,可以实现独立的数据转发、内容检测和管理配置,拥有和物理防火墙一样全面的安全防护功能。虚拟防火墙不需要对现有的网络环境进行较大的变动,可以在不增加防火墙数量的前提下,灵活地搭建虚拟环境,通过虚拟化统一管理平台实现多个防火墙的统一管理,并实现各个业务服务器和业务部门间的安全隔离与访问控制。

虚拟防火墙方案由根虚拟系统(root-vsys)、子虚拟系统(vsys)以及虚拟系统接口(vge1)3 部分组成:

（1）根虚拟系统。是系统默认的虚拟系统，不可创建，不可删除，拥有防火墙的所有功能。

（2）子虚拟系统。由根虚拟系统管理员创建的虚拟系统都是子虚拟系统。子虚拟系统在逻辑上就是一个独立的防火墙，可以进行独立的管理、独立的配置等。

（3）虚拟系统接口。是各个虚拟系统直接进行内部通信时使用的虚拟接口。它模拟了一台内部的虚拟三层交换机，虚拟系统之间的通信可以不需要进行外部物理接口连接。

值得注意的是，虚拟系统接口是由虚拟系统管理员创建的，每个虚拟系统只能创建一个虚拟系统接口，并且虚拟系统管理员只能创建自己管理的虚拟系统的虚拟系统接口。例如，根虚拟系统 root-vsys 的管理员 admin 创建的虚拟系统接口 vge1 属于根虚拟系统 root-vsys，并且根虚拟系统 root-vsys 只有这一个虚拟系统接口；子虚拟系统 vsys1 的管理员 admin_vsys1 创建的虚拟系统接口 vge1 属于子虚拟系统 vsys1，并且子虚拟系统 vsys1 只有这一个虚拟系统接口。

虚拟防火墙可以集成访问控制、用户授权访问、虚拟系统、行为管理、应用层综合安全防护等一系列网络安全功能，可以有效地满足云计算环境下用户对网络边界隔离、访问控制、威胁防护、快捷管理等功能的需求，同时可以为云用户提供可视化风险报表和自主化安全运维服务，帮助云用户快速掌握业务安全状况。最重要的是，虚拟防火墙可以灵活、快捷地部署在公有云、私有云、混合云等多种云平台上，为各类虚拟化平台提供专业的安全防护能力。

7.3.2   WebShell 防护

WebShell 是一种通过 Web 服务端口获取 Web 服务器的某种操作权限的脚本程序，是以 ASP、JSP 或 PHP 等网页形式存在的一种命令执行环境，也被称为网页后门。正常情况下，运维人员可以通过 WebShell 对 Web 服务器进行日常的网站管理、服务器管理以及系统上线更新等操作。但 WebShell 的存在同时也为攻击者提供了攻击的方向，攻击者可以通过上传 WebShell 获得 Web 服务器的管理权限，对网站服务器进行渗透和控制。攻击者在入侵一个网站后，通常会将脚本木马后门文件放置在网站服务器的 Web 目录中，脚本木马后门文件名通常与正常的文件名相似，使得其与正常的网页文件混淆，之后攻击者就可以利用 Web 请求的方式，通过脚本木马后门控制网站服务器，实现上传下载文件、查看数据库、执行任意的程序命令等操作。

WebShell 的隐蔽性十分强，由于其与被控制的服务器或远程主机交换的数据都是通过 80 端口传递的，因此不会被防火墙拦截。并且使用 WebShell 一般不会在系统日志中留下记录，只会在网站的 Web 日志中留下一些数据提交记录，没有经验的管理员是很难看出入侵痕迹的。因此针对 WebShell 的防护十分重要，目前主要的防护措施是对各类后门文件进行扫描和隔离，从文件特征、代码特征等多个维度对已知的 WebShell 进行检测。

常见的 WebShell 防护措施有以下几种：

（1）使用沙箱等检测手段对多种类型的木马进行查杀。

（2）对变形的一句话后门（one-word-backdoor）等 WebShell，可以通过代码还原、跟踪关键函数、检测变量的调用等操作来发现,同时对发现的攻击行为进行拦截,以保证不对宿主机造成破坏。

(3) 利用机器学习模式,对未知特征后门进行自主学习、自动判断、处理隔离等。

(4) 对已发现的 WebShell,可以提示用户采取自动清理、提示清理等处理措施,并且将所有的 WebShell 后门样本向管理端上报,让管理端对这些样本进行统一的汇总及分类分析处理。

7.3.3　主机加固

随着云计算的普及,大量虚拟机被应用,虽然防火墙等各类安全产品能提供外围的安全防护,但并不能真正彻底地消除隐藏在虚拟机内部的安全漏洞隐患,例如安装、配置不符合安全需求,参数配置错误,使用、维护不符合安全需求,被注入木马程序,安全漏洞没有及时修补,应用服务和应用程序滥用,开放不必要的端口和服务,等等。如果这些安全漏洞被攻击者利用,不仅将导致用户遭受攻击,重要资料被窃取,用户数据被更改,网站拒绝服务,而且还会影响其他云服务用户甚至整个云计算平台的安全,因此,云计算环境下的主机加固变得十分重要。

主机加固是指是根据专业安全评估结果制订相应的主机加固方案,通过打补丁、修改安全配置、增加安全机制等方法加强主机的安全性。云计算环境下的主机加固主要针对虚拟机,一般在宿主机及云主机内设定一些检查项,对发现的不合规项进行统一上报,系统根据上报内容给出相应的操作建议,从而保障云环境的安全合规。

主机加固包括以下 3 个具体环节:

(1) 主机安全评估。包括主机安全需求分析、主机安全状况评估和主机安全基线设置。主机安全状况评估是利用专家经验和漏洞扫描技术、工具分别从内部和外部对主机进行全面评估,确认主机已经存在或可能存在的安全隐患。主机安全基线的设置有利于管理人员对大量虚拟机进行统一管理,其一般流程是:管理人员扫描主机客户端;主机客户端向控制台上传扫描结果及日志;管理人员在控制台查看扫描结果,并对扫描结果进行分析。

(2) 制订安全加固方案。根据前期的安全评估结果制订主机安全加固方案。

(3) 安全加固实施。根据制订的加固方案,对主机进行安全加固与修复,并将结果上传至控制台。在安全加固完成后,需对系统进行全面测试,确保安全加固对系统业务无影响,并达到了安全提升的目的。安全加固操作涉及的范围比较广,例如正确地安装软件、安装最新的操作系统和应用软件的安全补丁、操作系统和应用软件的安全配置、主机安全风险防范、主机安全风险测试、主机完整性备份、主机账户口令加固等。

7.3.4　虚拟主机杀毒

恶意可执行程序是信息系统中最常见、最复杂、影响最广泛的威胁之一,这些人为恶意构造的程序往往利用计算机系统存在的安全漏洞获取对计算机的某种管理权限,从而达到攻击者恶意的目的。虚拟机和宿主机本身都具有外部接口,如 USB 接口、虚拟网卡与宿主机物理网卡桥接等,这大大增加了虚拟机以硬件方式感染外界木马、病毒的风险。

此外,与传统计算环境相比,云计算环境下的数据中心更加虚拟化,企业的大部分应用都依赖于虚拟机环境,与外界的交流也更多。攻击者可通过与外界进行信息交互的应用侵入虚拟机内部,留下病毒侵害信息系统,造成资源池因负载过高而业务中断、企业敏感数据泄露、虚拟机逃逸等问题,或留下后门以供下一次攻击,这都将对企业造成灾难性的后果。

在这种情况下,云计算环境下的主机病毒查杀尤为重要。相较于传统的反病毒模式,云计算环境下的病毒查杀由云端统一提供病毒特征库和查杀引擎,并且可以利用云端提供的超强计算能力对病毒特征进行快速分析和提取,因此往往具备更强的病毒防护能力。一般的主机杀毒软件采用的是基于特征的扫描技术,云计算环境下的虚拟主机杀毒则可以在原有的特征值识别技术的基础上,将反病毒样本工程师总结的可疑程序样本经验移植到反病毒程序中,根据反编译后的程序所调用的 Win32 函数的情况来判断程序是否为病毒或恶意软件,从而达到防御未知病毒、恶意软件、变形木马的目的。

此外,虚拟主机杀毒还可以将已经发现的病毒样本积累下来,然后采用人工智能与机器学习的方法,对保存的病毒样本进行多次切片学习,抽取出病毒与恶意代码的共性特征,建立恶意代码的不同族系模型,形成病毒家族类框架。这种检测方式的优点是不依赖于某一个病毒或恶意代码的具体特征,而是提取某一族群的恶意代码的共性特征。因此,这种检测方法更容易检测出某一病毒,尤其是对于恶意代码族群内的新生病毒具有非常强的检测能力,可以对入侵虚拟主机的病毒进行有效查杀,从而能在最大程度上保护虚拟化环境的安全可控。

7.4 本章小结

随着云计算的普及,云端安全将成为云服务提供商和企业共同考虑的问题,而不再仅与某个企业自身的信息系统安全有关。云计算操作系统的引入,在优化传统网络架构的同时,也带来了新的安全挑战,与云有关的安全问题越来越多。由于云计算环境与传统计算环境有所不同,传统的安全策略无法直接在云环境中有效执行,需要新的有效的防护措施来保障云计算环境的安全。

本章首先通过介绍云计算操作系统的基本概念以及基本架构,引出云计算环境下的主机安全问题。其次对主机安全的基础知识进行了阐述,包括主机安全模型、安全基线、虚拟安全设备以及云安全管理平台中的主机安全功能,并详细介绍了主机安全面临的云计算身份认证以及云计算访问控制这两大挑战。最后介绍了 4 种主机安全防护措施,分别是虚拟防火墙、WebShell 防护、主机加固以及虚拟主机杀毒。通过本章的学习,读者能够认识到主机安全对于云安全的重要性,了解常见的安全防护措施。

7.5 思考题

(1) 简述云计算操作系统与传统操作系统的区别。

(2) 云计算操作系统框架包括哪几部分? 简述云计算操作系统所实现的服务和

功能。

（3）主机安全模型包括哪两个部分？它们的作用是什么？

（4）什么是安全基线？安全基线包括哪几个部分？

（5）网络中的身份认证方法可以分为哪 3 类？分别进行阐述。

（6）简述 OpenID＋OAuth 协议的具体步骤。

（7）什么是自主访问控制模型？什么是强制访问控制模型？什么是基于角色的访问控制模型？

（8）简述 4 种主机安全防护措施。

第8章

应 用 安 全

8.1 应用软件安全

8.1.1 软件服务化概述

应用软件是为满足用户不同领域、不同问题的应用需求而提供的软件。其发展共经历了4个阶段:第一阶段是计算机即软件服务,这个阶段软件的安装和配置均是由专业人士完成的,大部分软件只能在单一的硬件平台运行,因此计算机和软件间存在一种绑定关系。第二阶段是软件产品定制,为满足用户日益提高的应用需求,计算机生产厂商开始定制不同功能的应用程序,此外,一些为用户提供软件定制化服务的公司也开始出现。第三阶段是应用服务提供商模式,在该应用模式下,应用服务提供商将用户所需的软件统一部署到用户的软硬件运行环境中,并负责提供软件运行时所需的应用服务器以及应用维护人员,用户只需通过网络连接到应用服务提供商的服务器上,就可以运行所需软件。第四阶段就是本节详细描述的软件服务化,又称软件即服务模式。

随着互联网技术的快速发展和云计算技术的日益成熟,一种全新的软件应用模式——软件即服务(Soft as a Service,SaaS)产生并发展起来。在传统软件服务模式下,软件商通过许可将软件产品部署到企业内部多个客户终端来实现交付。SaaS定义了一种新的交付方式,在软件服务化的模式下,服务提供商为用户搭建信息化所需的网络基础设施以及软硬件运行平台,并负责前期实施和后期维护工作。例如,当人们需要使用自来水的时候,只需要拧开水龙头即可,而不需要自己去挖水井、架抽水机、净化水等,这些都是自来水厂的事。与传统软件服务模式相比,SaaS主要具有以下特点:

(1)成本低廉。SaaS将应用软件部署在统一的服务器上,可以有效减少用户在进行本地部署时所需的大量前期投入,企业无须购买服务器硬件或网络安全设备,只要实现个人计算机和互联网的连接即可。

(2)服务彻底。SaaS应用软件的主要运行环境绝大部分都托管在服务提供商的数据中心内,因此系统的维护、升级工作主要由服务提供商承担,企业无须配备技术人员进行软件升级和维护。此外,SaaS应用软件的数据资料保存在云服务器中,工作人员在接入互联网的情况下,可在任何时间、任何地点进行访问。

(3)操作简单。SaaS应用软件作为新型的企业管理应用,其交互设计风格更加贴近人们现在的操作习惯。并且SaaS应用软件在研发时就考虑了与传统软件的过渡问题,以方便没有信息专业基础的工作人员操作,节省工作时间。

8.1.2　应用虚拟化概述

应用虚拟化也称应用程序的虚拟化,它通过为应用程序提供一个虚拟的运行环境,包括应用程序的可执行文件和虚拟的运行环境,使得应用可以在不需要与用户的文件系统相连或借助任何设备驱动程序的情况下,通过压缩后的可执行文件夹来运行,打破了应用程序、操作系统和托管操作系统的硬件之间的联系,能够有效地解决终端形态不同、产品升级困难、版本不兼容等问题。

应用虚拟化的主要思想是:基于应用/服务器计算架构,采用类似虚拟终端的技术,把应用程序的人机交互逻辑(包括应用程序界面、键盘及鼠标的操作、音频输入输出、读卡器、打印输出等)与计算逻辑隔离开来。当用户需要访问一个服务器中虚拟化后的应用时,用户计算机会把人机交互逻辑传送到服务器端,应用程序的计算逻辑将在服务器端为用户开设独立的会话空间中运行,服务器最后把变化后的人机交互逻辑传送给客户端,并且在客户端相应设备上展示出来。在这个阶段中,用户就像运行本地应用程序一样运行虚拟化的应用程序。

应用虚拟化为应用程序的推广带来了很多便利,同时大大减少了管理人员的工作量。在采用应用虚拟化技术以前,应用程序在很大程度上依赖操作系统为其提供的设备驱动程序、动态链接库、内存分配等功能。且各应用程序之间存在着复杂的依赖关系,系统或其他应用程序的改变都可能导致应用程序之间不兼容,因此管理员对应用程序进行升级的时候,需要处理每台计算机上可能出现的各种不兼容的情况。采用应用虚拟化技术主要有以下 3 个优点:

(1) 在需要对应用程序进行升级时,管理人员只需要更新虚拟环境中的应用程序副本并将其发布出去,应用程序可以保证使用正确版本的文件和属性文件,而不用对操作系统进行任何修改,也不会对其他应用程序造成任何干扰。

(2) 当多个版本的应用程序运行在同一个操作系统实例上时,系统也不会发生任何冲突,可以加速新特征的测试以及整合到运行环境中的过程。

(3) 由于应用虚拟化模式下的应用程序是从一个中央服务器上下载后运行在虚拟化环境中,而不是安装在本地硬盘上,因此,当用户关闭应用程序后,已经下载的部分会被完全删除,不会有任何残留信息。

应用程序虚拟化在应对恶意程序方面具有很好的效果,它可以有效控制应用的行为,随时对应用程序状态进行归零,防止系统受控于未授权的用户。

8.1.3　安全问题与防范措施

云计算的普及为用户和企业的工作与生活带来了很多便利。然而,与此同时,各类云安全问题也相继出现。无论是部署在互联网上的公有云,还是部署在企业内部的私有云,都面临非法入侵、流量监听、分布式拒绝服务(DDoS)攻击等安全问题。在云计算应用程序中,服务器端的软硬件资源经常会被应用程序实例所共享,如果一个用户进行个性化设置,其他租户的服务有可能会受到一定的影响。此外,用户通过网络访问并使用位于云端的数据和应用资源,多个用户的敏感数据可能存储在同一台服务器或存储设备中,共存于同一台物理机上的虚拟机实例或同一个虚拟机上的应用程序实例可能会相互渗透,一旦一台服务器或虚拟机被攻克,将造成多家企业的重要数据被窃取、服务中断等严重的后果,影响程度深,波及范围广。因此,确保各租户间应用程序环境的隔离以及数据的隔离变得十分重要。

为了应对上述安全问题,有效地控制和解决云计算应用软件的安全问题,应采取以下4种防护措施:

(1)增加微服务的使用。在云计算中,更容易将不同的服务隔离到不同的服务器中。原因如下:一方面,不再需要最大化地利用物理服务器;另一方面,即使在使用较小的计算机节点来处理负载时,自动伸缩组也可以确保应用程序的可伸缩性。每个节点都做得更少,因此更容易锁定并最小化运行于其上的服务。虽然正常情况下这提高了每个负载的安全性,但为了确保所有微服务之间的通信,确保任何服务代理、调度和路由都是安全配置的,也确实增加了一些开销。

(2)进行数据加密和隔离。在云计算环境下,各类云技术不断引入,应用数据的安全性显得尤为重要。数据安全性可以从传输和存储两个方面来考虑。在数据传输方面,可以采用虚拟专用网络(VPN)加密、安全套接层(SSL)加密等技术来保护应用数据的安全;在数据存储方面,为避免非授权的交叉访问,必须对不同用户间的数据进行隔离,同时应支持后台数据的完整性检查,并提供定时备份和容灾恢复功能。

(3)实行综合监控。针对误用和恶意攻击,可以使用综合监控进行安全防护,包括会话映射技术智能审计技术、日志记录和生产安全报告,分别规范用户和管理员行为。其中,使用会话映射技术,实现指定用户会话的实时复制和显示,从而进行故障排除和用户活动监视;使用智能审计技术录制用户访问在线应用时的屏幕活动,并对其进行分析,有助于规范用户行为;使用日志记录保存应用虚拟化服务器的配置更改,有助于规范管理员的操作行为;使用生产安全报告体现用户活动的状态以及趋势,有助于改进安全策略的部署。

(4)采用 PaaS 和无服务器体系结构。通过平台即服务(PaaS)和无服务器设置,即直接在云服务提供商的平台上运行负载,而不用管理底层服务和操作系统,可以有效降低攻击面。对于云服务提供商来说,有很大的经济动力来维持极高的安全级别,并保持他们的环境更新;对于用户来说,无服务器平台在云服务提供商的网络上运行,通过 API 或HTTPS 流量与用户的组件通信,从而消除了直接网络攻击路径。但值得注意的是,只有当云服务提供商承担平台/无服务器设置的安全性并满足要求时,才会使用该体系结构。

8.2 Web 应用安全

8.2.1 Web 应用安全问题概述

目前云部署的应用系统基本上都通过 Web 方式对外提供服务,例如门户网站、政府信息公开目录系统等,用户通常需要使用 Web 浏览器来访问云应用,使用云端所提供的各种应用服务,大量 Web 数据存储在云端,其中包含很多企业和用户的重要隐私数据。

然而 Web 网站是一种开放的信息系统,存在许多安全隐患,例如 SQL 注入、跨站脚本攻击、拒绝服务(DoS)攻击、中间人攻击、恶意程序攻击和网页挂马等。近年来针对 Web 服务器的各种攻击手段也层出不穷,攻击者通过入侵 Web 服务器窃取云平台数据库中数据的网络安全事件屡见不鲜,因此保障 Web 安全是保障云计算应用安全的关键。

Web 应用系统安全漏洞类型众多。下面简要介绍云计算环境下 Web 应用系统面临的一些常见安全风险。

1. SQL 注入

SQL 注入(SQL injection)是 Web 应用系统中最常见的攻击方式。SQL 注入漏洞主要存在于动态网站的 Web 应用系统中,攻击者将恶意的 SQL 语句插入表单的输入域或网页请求的查询字符串中,然后将其提交给 Web 服务器,如果 Web 应用程序没有对用户的输入进行检查和过滤,在接收后将攻击者的输入作为原始 SQL 查询语句的一部分,则会改变程序原始的 SQL 查询逻辑,从而执行攻击者构造的 SQL 查询语句。利用 SQL 注入漏洞,攻击者可从数据库中获取敏感信息,在数据库中添加数据库操作用户,从数据库中导出文件,甚至获取数据库系统的管理员权限。SQL 注入攻击的原理如图 8-1 所示。

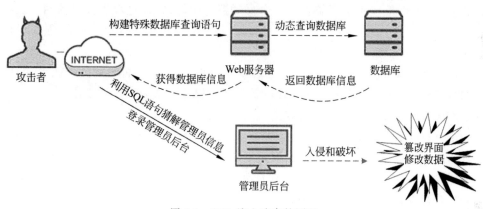

图 8-1 SQL 注入攻击的原理

云端的 SQL 注入攻击具有如下特点:

(1) 攻击隐蔽。SQL 注入攻击通过用户输入来构造新的 SQL 语句,以获取信息和对 Web 服务器进行非法操作的权限,因此其操作与正常的 Web 网页访问没有区别,非常隐蔽,一般的防火墙等防护设施不会对它进行拦截或发出警告。

(2) 操作简单。SQL 注入攻击方法比较简单,攻击者无须具备很多 SQL 注入攻击的知识和技术,从互联网下载一些 SQL 注入软件工具,这些工具基本都是图形化界面,使用这些工具即可轻易地对存在 SQL 注入漏洞的 Web 网站进行攻击,然后冒用网站合法身份,向云端提出非法请求。

(3) 危害极大。SQL 注入漏洞的危害性是显而易见的。如果一个 Web 应用系统遭受 SQL 注入攻击,轻则 Web 网站内容被篡改,泄露敏感信息;重则 Web 服务器被植入木马,被攻击者所控制。而 Web 网站是访问云端资源的直接手段,因此 SQL 注入攻击的后果十分严重。

2. XSS 攻击

跨站脚本(Cross Site Scripting,XSS)攻击是一种针对客户端浏览器的注入攻击。与 SQL 注入漏洞不同的是,在 XSS 攻击中,攻击者将恶意脚本注入 Web 应用程序中并不是为了攻击 Web 应用程序本身,而是将 Web 应用程序作为攻击其他网站的中转站。当其他用户访问被注入恶意脚本的 Web 应用程序时,恶意脚本就会被下载到该用户的浏览器中并运行,被注入的恶意代码能够在支持 HTML、JavaScript、Flash、ActiveX、VBScript 等语言的客户端浏览器上执行,造成主机上的敏感信息泄露、Cookie 被窃取、配置被更改等后果,从而使攻击进一步向云端进行渗透。

根据 XSS 漏洞注入位置和触发流程的不同,XSS 漏洞主要分为 3 类,分别是反射型 XSS 漏洞、存储型 XSS 漏洞和 DOM 型 XSS 漏洞。

(1) 反射型 XSS 漏洞。也称为永久型 XSS 漏洞,是目前最流行的一种 XSS 漏洞。这类漏洞经常出现在服务器直接使用客户端提供的数据(包括 URL 中的数据、HTTP 协议头的数据和 HTML 表单中的数据)而且没有对数据进行无害化处理的情况下。

典型的反射型 XSS 攻击是攻击者将攻击代码存储在客户端上,而不是存储在 Web 服务器上,攻击者将 Web 服务器作为一个反射器或中转站,通过攻击代码的网页发送给被攻击用户,在用户浏览器上执行攻击代码,达到窃取用户的键盘记录、窃取用户的 Cookie、窃取剪贴板内容、篡改网页内容等目的。

(2) 存储型 XSS 漏洞。攻击的恶意脚本被存储在服务器端的数据库或者文件中。在访问服务时,服务读取了存储的内容后触发恶意脚本回显,形成存储型 XSS 攻击。当访问正常服务时则可看到被攻击的数据。

(3) DOM 型 XSS 漏洞。DOM 型 XSS 漏洞又称作本地跨站脚本漏洞,此类型的漏洞存在于页面中客户端脚本自身。当页面中的 JavaScript 代码访问了 URL 请求参数,并未经编码便直接使用相应的参数信息在自身所在的页面中输出某些 HTML 内容时,就有可能出现此类型的跨站脚本漏洞。

3. 跨站请求伪造攻击

跨站请求伪造(Cross-Site Request Forgery,CSRF)是一种对网站的恶意利用。尽管听起来像跨站脚本(XSS),但它与 XSS 非常不同,XSS 利用站点内的信任用户(受害者)实施攻击,而 CSRF 通过伪装成来自受信任用户的请求来利用受信任的网站,通过社会工程学的手段(如通过电子邮件发送一个链接)来蛊惑受害者进行一些敏感性的操作,如修改密码、修改 E-mail、转账等,而受害者毫不知情。

CSRF 攻击通常会利用目标站点的身份验证机制。Web 的身份验证机制虽然可以向目标站点保证一个请求来自某个用户的浏览器,但是无法保证该请求的确是该用户发出的或是经该用户批准的。例如,某个用户使用浏览器访问了受信任网站 A,并输入用户名和密码请求登录网站 A,在用户通过身份验证后,网站 A 会生成 Cookie 信息并将其返回给用户的浏览器,此时用户可以成功登录网站 A,并且可以向网站 A 正常发送请求;用户在退出网站 A 的登录之前,使用统一浏览器访问了网站 B,网站 B 接收到该用户的请求后向其发送了一些攻击性代码,并且向其发出一个访问网站 A 的请求;用户的浏览器在收到恶意代码后,会在用户不知情的情况下,根据网站 B 的请求,携带着 Cookie 信息向网站 A 发出请求,而网站 A 并不知道该请求是由网站 B 发出的,所以会根据该用户的 Cookie 信息以该用户的权限来处理这个请求,从而使得网站 B 的恶意代码被执行。

CSRF 攻击的破坏力取决于受害者的权限。如果受害者只是普通的用户,则 CSRF 攻击仅会危害用户的数据以及少数功能;而如果受害者具有管理员权限,则一个成功的 CSRF 攻击不仅会威胁到 Web 网站的安全,还将对云端的数据安全造成极大威胁。

4. 文件上传与下载攻击

文件上传与下载攻击是一种对云端数据库影响最大的攻击。大部分 Web 网站和云平台提供文件上传和下载功能,有些文件上传功能并不严格限制用户文件后缀及文件类型,导致攻击者向一些可通过 Web 访问的目录上传任意 HTML、ASP、PHP 等文件,并能够将这些文件传递给相应的解析器,攻击者即可在远程服务器上执行任意已上传的恶意脚本。

当系统存在文件上传漏洞时,攻击者可以将病毒、木马、WebShell 及其他恶意脚本或者包含脚本的图片上传到服务器,这些文件将为攻击者的后续攻击提供便利。根据具体漏洞的差异,此处上传的脚本可以是正常后缀的 PHP、ASP 以及 JSP 脚本,也可以是篡改后缀后的这几类脚本。

与上传对应的是文件的下载以及由文件的下载导致的路径遍历问题。虽然下载漏洞引起的危害没有上传那么严重,但是如果文件下载控制不好,也会导致服务器的很多敏感信息甚至是产品的源代码和配置信息被泄露。例如常见的路径遍历问题,在网络上经常会进行文件交换或者共享信息,如果用户只是想共享某个路径下的一个或者几个文件,当系统使用用户提供的文件名组成最终的文件名的一部分或者全部时,就有可能导致访问指定文件夹以外的文件夹。攻击者可以使用多个“..”导致操作系统跳到限制路径以外的路径甚至整个系统,出现路径遍历问题。它可以使攻击者突破应用程序的安全控制,泄露服务器的敏感数据,包括配置文件、日志、源代码,使得攻击者可以很容易地获得更高权限的信息。

5. 弱口令攻击

弱口令(weak password)也称弱密码,即容易破解的口令,通常是简单的数字组合、键盘上的邻近键或用户常见信息,例如 123456、abc123、qwerty 等。终端设备出厂配置的通用密码等也属于弱口令,例如网络设备出厂时设置的管理员口令为 admin,而用户在使用的过程中未修改管理员的初始口令 admin。在设备的操作使用手册中会介绍设备的用户名和初始口令,如果用户在使用的过程中不修改用户的初始口令,系统就极易遭受工具。

长期以来,弱口令一直是各项安全检查、风险评估报告中最常见的高风险安全问题,成为攻击者控制系统的主要途径,由于大部分安全防护体系是基于口令的,如果口令被破解,就意味着其安全体系全面崩溃。

弱口令漏洞有三大特点:

(1) 危害大。弱口令漏洞是目前最高危的安全漏洞之一,当系统的管理员口令是弱口令时,攻击者可利用管理员用户的弱口令进入系统,从而控制整个系统。

（2）易利用。弱口令也是最容易利用的安全漏洞之一，攻击者只需要通过简单的 IE 浏览器或者借助简单的工具就能利用此种类型的漏洞。

（3）修补难。如果管理员的弱口令被固化在固件中，弱口令的修补成本就比较高，而且已经售出的产品修改弱口令的成本更高。

8.2.2　Web 安全扫描与防护

安全扫描技术是一项重要的网络安全技术，其基本原理是：采用模拟恶意攻击者攻击的方式，对交换机、服务器、数据库和工作站中可能存在的已知安全漏洞进行检测。安全扫描在 Web 安全中也是一种常用的检测手段，用来查找 Web 应用程序中是否存在 SQL 注入、跨站脚本等安全漏洞。

Web 安全扫描技术的重点在于安全扫描器的使用。安全扫描器是一种实现了扫描技术软件化、自动化的工具，也是一种通过收集系统的信息来自动检测 Web 应用服务安全性脆弱点的程序。安全扫描器采用模拟攻击的形式对目标可能存在的已知安全漏洞进行逐项检查，并根据扫描结果为系统管理人员提供周密、可靠的安全性分析报告。定期使用 Web 安全扫描技术，可以帮助用户周期性地检测应用服务的安全性，预先发现应用服务自身潜在的薄弱环节，并在漏洞或安全隐患被利用前及时发现并立即采取相应的补救措施，防患于未然。

Web 安全扫描技术主要通过以下两种方法来检查 Web 应用中是否存在安全漏洞：

（1）通过模拟恶意攻击者的攻击手法，对目标应用进行攻击性的安全漏洞扫描，例如测试弱口令等。如果模拟攻击成功，那么就说明该 Web 应用存在安全漏洞。

（2）先对 Web 应用进行端口扫描，获取该应用所涉及的相关端口和端口上的网络服务，然后将这些信息与漏洞扫描系统所提供的漏洞库相匹配，查看是否有满足匹配条件的漏洞存在。这种方式的核心在于漏洞库是否全面有效，因此漏洞库需要具备完整性和时效性，如果漏洞库信息不全或得不到即时的更新，漏洞扫描就无法发挥作用，甚至还会误导管理员。这种方式的常用方法有 HTTP 漏洞扫描、FTP 漏洞扫描和 POP3 漏洞扫描等，

检测到安全漏洞后，需要实施一定的措施对 Web 应用进行防护。一般针对安全事件发生时序进行安全建模，分别针对安全漏洞、攻击手段以及最终攻击结果进行扫描、防护与诊断。根据安全事件发生时序，企业可以参考下述方案采取防护措施：

（1）在事前，提供 Web 应用漏洞扫描功能，检测 Web 应用程序中是否存在 SQL 注入、跨站脚本等安全漏洞。

（2）在事中，要对黑客的入侵行为、SQL 注入、跨站脚本和跨站伪造请求等各类 Web 应用攻击以及 DDoS 攻击等进行有效检测，并且在检测到攻击以后要进行有效阻断和防护。

（3）在事后，针对当前的安全热点问题，例如网页篡改和网页挂马，要能提供诊断功能，从而降低安全风险，维护网站的公信度。

具体来说，在 Web 安全保护中常采取以下措施来保障 Web 应用的安全：

（1）HTTP 合规性控制。Web 应用安全防护系统可以对 HTTP 协议包中的各项参

数（例如 URL 长度、Cookie 长度、请求行长度和请求头长度等）进行合规性控制，通过自定义阈值与参数访问控制相结合的方式，对 HTTP 数据进行第一层安全控制，在最开始就杜绝非法数据包的传输。

（2）Web 特征防护。SQL 注入、跨站脚本攻击、爬虫、恶意扫描和跨站点伪造请求攻击等攻击手段都具有比较明显的攻击特征，Web 应用安全防护系统可以针对这类攻击建立相应的特征库，并根据特定的攻击字段自定义特征，这样就可以通过匹配的方式对可能出现的攻击进行相应的处理。

（3）敏感信息检测。Web 应用安全防护系统可以提供对 HTTP 流量中的敏感信息进行检测和保护的功能，通过预置或自定义的敏感信息库对响应内容中的字段进行过滤，同时对被检测到的敏感信息进行置换或隐藏防护，从而防止数据泄露。

（4）弱密码检测。Web 应用安全防护系统可以对弱口令进行收集并集成一个弱口令字典，同时该字典最好还能够支持自定义弱口令库，当攻击者采用对应的弱口令访问目标 URL 时，即使被防护的站点存在弱口令，安全防护系统也能识别该操作并将其拦截，从而使得该操作无法继续进行。

（5）防跨站请求伪造。Web 应用安全防护系统应该要对 HTTP 请求的来源 URL 进行严格的检查，禁止从不受信任的 URL 跳转至用户服务器资源页面，杜绝跨站的资源盗用。

（6）文件上传下载防护。由于网站开发商的疏忽，上传文件的策略在很多情况下都不能得到有效控制，从而导致木马和后门也上传到网站上。为解决这个问题，Web 应用安全防护系统可以通过策略的定制化，有效地对上传文件的类型和大小进行控制，通过严格地对上传文件进行控制，可以有效控制木马和后门等难以解决的问题。

（7）爬虫防御。为了应对爬虫攻击，Web 应用安全防护系统可以依靠特征对爬虫的行为进行识别。此外，Web 应用安全防护系统还可以通过暗藏陷阱的方式对目标 URL 进行包装，当爬虫攻击发生时，将会直接落入陷阱中，无法生效。

在实际的 Web 应用安全防护中，常将上述多种防护措施结合起来，这样有助于网络安全管理人员更好地了解各种安全配置情况和应用服务的运行情况，及时发现安全漏洞并能立即采取相应的防御措施。

8.2.3　DDoS 攻击防御

1. DDoS 攻击原理

分布式拒绝服务（Distributed Denial of Service，DDoS）攻击是在拒绝服务（Denial of Service，DoS）攻击基础之上产生的一种攻击方式，攻击者利用分布式的客户端向服务提供者发起大量请求，消耗或者长时间占用大量资源，从而使合法用户无法得到正常服务。DDoS 攻击不仅可以实现对某个具体目标（如 Web 服务器或 DNS 服务器）的攻击，而且可以实现对网络基础设施（如路由器等）的攻击，利用巨大的流量攻击使攻击目标所在的互联网的网络基础设施过载，导致网络性能大幅度下降，影响网络所承载的服务。

DDoS 攻击的破坏力相当惊人，它不但会给各类互联网用户和云服务提供商带来业务中断、系统瘫痪等严重后果,还严重威胁电信运营商的基础设施。随着云应用的成熟,云用户的数量日益攀升,攻击者可以利用大量的僵尸主机发起大规模的 DDoS 攻击,迫使一些关键性云服务消耗大量的系统资源,最终导致云服务反应变得极其缓慢或者完全没有反应,从而终止服务。一旦云应用受到 DDoS 攻击而停止服务,那么所有的云用户都将被波及,这给云用户以及云服务提供应商所造成的损失相较于传统的 Web 应用将会更难估量。目前的 DDoS 攻击逐渐呈现出"发生频率高、持续时间短"的特点,有统计数据显示,持续 1h 以下的 DDoS 攻击占据了 80% 以上。

与其他攻击形式相比,DDoS 攻击主要表现出以下特点:

(1) 分布式。在 DDoS 攻击中,攻击者不再是单独一人,而是通过操控一个精心组织的僵尸网络来发起协同攻击,改变了传统的点对点的攻击模式,使攻击方式出现了没有规律的情况。分布式的特点不仅增强了 DDoS 攻击的威力,而且加大了抵御 DDoS 攻击的难度,这在以往的攻击方法中是比较少见的。

(2) 使用欺骗技术,难以追踪。攻击者在进行 DDoS 攻击的时候,攻击数据包都是经过伪装的,源 IP 地址也是伪造的,以达到隐蔽攻击源头的目的,这样就很难确定攻击的地址,在查找攻击源头时也很困难,因此,仅靠传统的防御措施很难追踪这种攻击。

(3) 发起攻击容易。由于现成的 DDoS 攻击工具在网络上泛滥成灾,而且易用性不断提高,因此攻击者不需要很深的专业知识就可以从网络上下载工具发起攻击,这一点从现在的攻击者越来越低龄化就可见一斑。

(4) 攻击特征不明显。现在越来越多的 DDoS 攻击采用合法的攻击请求,这些报文没有明显的特征,通常使用的也是常见的协议和服务,这样,只从协议和服务的类型上是很难对攻击进行区分的,因此 DDoS 攻击很难被防御系统识别。而且,DDoS 攻击的分布式特性也决定了攻击流在攻击源头可以做到很小,可以隐藏在正常报文流中,不易被较早地发现。

(5) 威力强大,破坏严重,难以防御。DDoS 攻击由于通过组织大规模的僵尸网络发起攻击,所以经过汇聚后到达受害者的攻击流可能非常庞大,造成目标主机的网络或系统资源耗尽,甚至还可阻塞防火端和路由器等网络设备,进一步加重网络拥塞状况。攻击者可以使用随机的端口进行 DDoS 攻击,通过数千端口向攻击目标发送大量的数据包;也可以使用固定的端口进行 DDoS 攻击,会向同一个端口发送大量的数据包。

2. 常见的 DDoS 攻击方式

下面介绍常见的 DDoS 攻击方式。

1) SYN Flood

SYN Flood 是 DDoS 攻击中最经典、最有效的一种,直到现在,SYN Flood 攻击仍然是 DDoS 攻击的主要攻击方式。它利用传输控制协议(Transmission Control Protocol,TCP)的缺陷,发送大量伪造的 TCP 连接请求,从而使得被攻击方资源耗尽,最终导致系统崩溃。

SYN(Synchronous)是 TCP/IP 建立连接时使用的握手信号,SYN 是存在于 TCP 头部的一个同步比特字段,而 ACK 是 TCP 头部的一个确认比特字段。在客户机和服务器之间建立正常的 TCP 网络连接时,客户机首先发出一个 SYN 消息,服务器使用 SYN＋ACK 应答表示接收到了这个消息,最后客户机再以 ACK 消息响应,这样在客户机和服务器之间才能建立可靠的 TCP 连接,数据才可以在客户机和服务器之间传递。上述过程称为 TCP 三次握手机制。

在 TCP 三次握手机制中,如果客户端在发送了 SYN 报文后出现了故障,那么服务器在发出 SYN＋ACK 应答报文后是无法收到客户端的 ACK 报文的,即第三次握手无法完成。在这种情况下服务器会重试,向客户端再次发送 SYN＋ACK,并等待一段时间。如果在一定时间内还是得不到客户端的回应,则服务器放弃这个未完成的连接。

SYN Flood 攻击正是利用了 TCP 三次握手机制。攻击者向目标主机发送大量的 SYN 报文请求,当目标主机回应 SYN＋ACK 报文时,攻击者不再继续回应 ACK 报文,导致目标主机建立了大量的半连接。这样,目标主机的资源会被这些半连接耗尽,导致目标主机资源被大量占用面无法释放,无法再向正常用户提供服务。SYN Flood 攻击过程如图 8-2 所示。

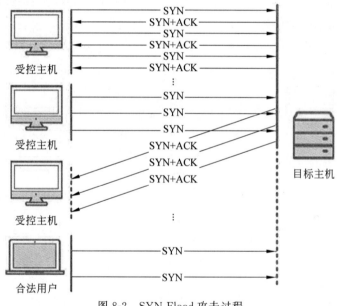

图 8-2　SYN Flood 攻击过程

少量的 SYN Flood 攻击会导致服务器无法访问,并且在服务器上用 netstat -na 命令可观察到大量的 SYN_RECEIVED 状态;大量的 SYN Flood 攻击会导致 ping 失败、TCP/IP 栈失效,并会出现系统凝固现象,即不响应键盘和鼠标。不过 SYN Flood 攻击实施起来有一定难度,需要高带宽的僵尸主机支持。

2) UDP Flood

UDP(User Datagram Protocol,用户数据报协议)是一种面向无连接的传输层协议,其主要作用是将网络数据流压缩成数据包的形式。一个典型的数据包就是一个二进制数据的传输单位。每一个数据包的前 8 个字节用来包含报头信息,剩余字节则用来包含具体的传输数据。由于 UDP 在传输数据之前,客户端和服务器之间不建立连接,不提供数据包分组、组装，且不能对数据包进行排序，当报文发送之后，无法得知其是否安全完整到达，因此 UDP 主要用于不要求分组按顺序到达的传输，提供面向事务的简单、不可靠信息传输服务。但由于 UDP 不使用信息可靠传递机制，将安全和排序等功能移交给上层应用来完成，极大地降低了执行时间，提高了传输速度，因此 UDP 广泛应用于多媒体应用中，例如网络视频会议系统在内的众多的客户/服务器模式的网络应用都需要使用 UDP。

UDP 的广泛应用为攻击者发动 UDP Flood 攻击提供了平台。UDP Flood 攻击属于带宽类攻击，由于 UDP 是无连接性的，所以只要开放了一个 UDP 的端口提供相关服务，就可针对相关的服务进行攻击。在 UDP Flood 攻击中，攻击者可发送大量伪造源 IP 地址的 UDP 数据包。UDP Flood 攻击过程如图 8-3 所示。攻击者通过僵尸网络向目标服务器发起大量的 UDP 报文，这种 UDP 报文通常为大包，且速率非常快，通常会消耗网络带宽资源，严重时会造成链路拥塞，使依靠会话转发的网络设备性能降低甚至会话耗尽，从而导致网络瘫痪。UDP Flood 攻击发动简单，很多工具都能够发动 UDP Flood 攻击，如 hping、LOIC 等，但 UDP Flood 攻击完全依靠僵尸网络本身的网络性能，因此对攻击目标带宽资源的消耗并不太大。

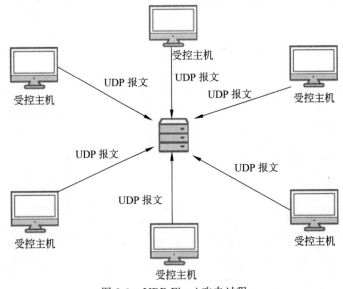

图 8-3　UDP Flood 攻击过程

3）刷 Script 脚本攻击

刷 Script 脚本攻击主要是针对包含 ASP、JSP、PHP、CGI 等脚本程序并调用 MySQL Server、Oracle、SQL Server 等数据库的网站系统而设计的。该攻击与服务器建立正常的 TCP 连接，并不断地向脚本程序提交查询、列表等大量耗费数据库资源的调用。

刷 Script 脚本攻击是一种比较典型的以小博大的攻击手法。通常来说，提交一个 GET 或 POST 指令占用的客户端资源和带宽几乎是可以忽略的，而服务器为处理此请求，可能要从上万条记录中查询，这个处理过程需要耗费大量资源。常见的数据库服务器很少支持数百个查询命令的同时执行,因此,攻击者只需向服务器大量提交查询命令,数分钟后就会耗尽服务器的资源而使其拒绝服务,从而出现 PHP 连接数据库失败、ASP 程序失效等现象。

3. DDoS 攻击防御方式

DDoS 攻击往往采取合法的数据请求技术,再加上其控制了大量傀儡主机,使 DDoS 攻击成为目前最难防御的网络攻击之一。传统的网络设备和周边安全技术,例如防火墙和 IDS(Intrusion Detection Systems,入侵检测系统),由于速率限制、接入限制等,均无法提供非常有效的针对 DDoS 攻击的网络保护,因此需要一个新的体系结构和技术来抵御复杂的 DDoS 攻击。

目前常见的 DDoS 攻击防御方式有采用高性能设备、保证充足的带宽、升级硬件设备、分布式集群防御、异常流量清洗、增强操作系统的 TCP/IP 栈等。下面对其中几个防护手段进行介绍。

(1) 采用高性能设备。为避免网络设备成为瓶颈,应该尽量选用知名度高且口碑好的交换机、路由器以及硬件防火墙等。另外,还应尽量和网络服务提供商建立特殊关系和协议,当大量攻击发生时,就可以请网络服务提供商在网络接点处进行流量限制,以抵抗 DDoS 攻击。

(2) 保证充足的带宽。网络带宽直接决定了抗 DDoS 攻击的能力,因此要尽量保证带宽的充足。

(3) 升级硬件设备。在网络带宽得到保证的情况下,应该尽量提升硬件的配置,并且优化资源的使用,提高 Web 服务器的负载能力。

(4) 异常流量清洗。利用 DDoS 硬件防火墙对异常流量进行清洗,通过数据包的规则过滤、数据流指纹检测过滤、数据包内容定制过滤等技术对外来访问流量的正常与否作出准确的判断,从而能够有效地阻挡异常流量。

为有效防御 DDoS 攻击,Web 应用防护系统的防 DDoS 攻击模块可以采用主动监测和被动跟踪相互结合的防护技术,并启动特有的阻断功能,这样就能够有效识别多种 DDoS 攻击,并能高效地完成对 DDoS 攻击的过滤和防御。

针对互联网中常见的 DDoS 攻击手段,Web 应用防护系统的防 DDoS 攻击模块可以提供针对多种 DDoS 攻击的防御能力,例如 SYN-UDP-ICMP Flood 防御、TCP-UDP-ICMP 流量管理、各种常见网络层攻击防御、Xml DDoS 防御、CC(Challenge Collapsar,挑战黑洞)攻击防御、客户/服务器连接数限制、基于每台服务器的 DDoS 管理等。通过将这些防御手段相结合,可以有效地阻断各种攻击行为,从而确保服务器可以正常提供服务。

8.2.4 网页防篡改

随着云计算的普及,人们需要通过浏览器和 APP 等客户端访问云计算平台以完成信息检索和网上办公等行为。但与此同时,各种网站安全问题也随之而来,网页篡改就是针对 Web 网站的危害性极大的攻击方法之一。

网页篡改是一种通过恶意破坏或更改网页内容导致网站无法正常工作的攻击行为。

攻击者利用网站漏洞破坏和篡改网页信息,不仅给网页所在组织机构带来重大的经济损失,还会造成恶劣的社会影响。一些攻击者利用假冒页面模仿知名网站,误导用户输入,用户的用户名和口令等信息,以窃取用户隐私,或以此为跳板,影响更大的范围,获得更多的攻击成果。有的攻击者在 Web 服务器的网页中插入木马程序以感染访问者的计算机,导致访问者的计算机系统崩溃、数据损坏和银行账户被盗等严重后果。

网页防篡改是一种防止攻击者修改 Web 网页的技术,可以有效地阻止攻击者对 Web 网页进行恶意篡改。然而网络操作系统的复杂性、网络结构的多样性以及各类网站的不规范性,使得目前仍没有形成一种长期有效的网页防篡改方法。

目前常用的网页防篡改技术主要有时间轮询技术、核心内嵌技术、事件触发技术和文件夹驱动级保护技术。

1. 时间轮询技术

时间轮询技术使用网页检测程序以轮询扫描的方式监控网页,并将被监控的网页与正确网页相比较,以判断网页内容的真实性和完整性,若网页被篡改,则立即进行报警和恢复。采用时间轮询技术的网页防篡改系统部署实现简单,但由于每个网页轮询扫描都存在一定的时间间隔,攻击者可以在这个时间间隔中发动攻击,导致用户访问到的是被篡改的网页。另外,时间轮询需要从外部不断扫描 Web 服务器文件,这会增加 Web 服务器的负载,并且由于扫描频度(以及安全程度)和负载总是矛盾的,因此 Web 服务器的安全程度也会降低。

这种技术存在一个很大的弊端,那就是轮询扫描的时间间隔。出于系统性能的考虑,轮询的时间间隔一般被设置为 10min,这意味着一旦篡改事件发生在某次轮询之后,那么将要在数分钟后的扫描中才能被发现,而在这期间将可能有访客访问了这些遭受篡改的网页,一些流量大的网页在数分钟内甚至可能会使上千万的访客遭受损失。因此,当网站的规模较小、网站中包含的网页较少的情况下,可以使用时间轮询技术防止网页被篡改;但当网站规模较大、网站的网页特别多的情况下,使用时间轮询技术所需轮询检测时间较长,且占用系统资源较大,因此这种技术逐渐被淘汰。

2. 核心内嵌技术

核心内嵌技术又称密码水印技术,它将篡改检测模块内嵌在 Web 服务器里,先将网页内容采取非对称加密方式存放(非对称加密算法需要两个密钥——公钥和私钥来进行加密和解密,更加安全),当用户请求访问网页时,Web 服务器对已经过加密验证的网页内容进行解密再对外发布,若网页未经过验证,则拒绝对外发布。此技术通常结合事件触发机制对文件的部分属性进行对比,如文件大小、页面生成时间等。

核心内嵌技术以无进程、篡改网页无法流出、使用密码学算法作为支撑而著称,在服务器正式提交网页内容给用户之前对网页进行完整性检查,对于已被篡改的网页进行实时访问阻断,并予以报警和恢复。其原理是:对每一个流出的网页进行数字水印(也就是散列)检查,如果发现当前水印和之前记录的水印不同,则可断定该文件被篡改,即阻止其继续流出,并运行恢复程序进行恢复。这样,即使攻击者通过各种各样未知的手段篡改了网页文件,被篡改的网页文件也无法流出服务器,被公众访问到。

3. 事件触发技术

事件触发技术是目前主流的网页防篡改技术之一,也是服务器负载最小的一种检测技术,经常和前面介绍的两种技术结合起来使用。该技术以稳定、可靠、占用资源少而著称。其原理是:通过监控网站目录,利用操作系统的文件系统接口,在网页文件被修改时进行合法性检查,根据规则判定此次修改是否是非法篡改,如果是非法篡改,则立即进行报警和恢复。

可以看出,该技术是典型的"后发制人",即非法篡改已经发生后才可进行恢复。如果攻击者采取"连续篡改"的攻击方式,则网页很可能一直无法恢复,公众看到的一直是被篡改的网页。因为只有篡改发生后,防篡改程序才尝试进行恢复,这里有一个系统延迟的时间间隔,而"连续篡改"攻击是对一个文件进行每秒上千次的篡改,这样,文件恢复的速度永远也赶不上"连续篡改"的速度。

4. 文件夹驱动级保护技术

文件夹驱动级保护技术是随着保密系统诞生的,它最初应用于保密程度较高的军方保密系统,主要提供文件保护和审核的功能,后来逐渐应用到网页保护当中。文件夹过滤驱动技术的原理是:将防篡改监控的核心程序和文件底层驱动技术应用到 Web 服务器中,并使用时间触发的方式对网页进行自动监控,一旦发现底层文件遭到篡改,它就会通过非协议的方式和内置的散列快速算法,将安全文件的备份复制到检测的网页中,而从发现网页被篡改到通过复制恢复网页这整个过程的时间往往很短,用户基本上看不到被篡改的网页。

8.3　本章小结

互联网技术以及软件技术的不断发展,用户对软件需求的不断提高,都有力地推动了云计算环境下应用软件的发展,云计算模式下的应用软件借助互联网实现了将数据处理从个人计算机转移到云计算服务集群。然而,云计算环境下部署的应用系统基本上都是通过 Web 方式对外提供服务的,云在提升应用软件运行效率的同时,也带了许多新的安全威胁。

本章首先介绍了应用软件的发展历程,特别对软件服务化和应用虚拟化技术进行了详细阐述。其次分析了应用软件中的常见安全威胁,并总结了 4 种防范措施,分别为增加微服务的使用、进行数据加密和隔离,实行综合监控以及利用 PaaS 和无服务器体系结构。最后介绍了云计算环境下 Web 应用面临的常见安全风险,并提出了对应的 Web 安全防护措施,包括 Web 安全扫描、DDoS 攻击防御以及网页防篡改。

8.4　思考题

(1) 应用软件的发展经历了哪 4 个阶段?
(2) 简述应用虚拟化技术面临的 3 个安全威胁。

（3）简述 4 种针对应用虚拟化安全威胁的防护措施。

（4）跨站脚本攻击通常可分为哪 3 种方式？请分别进行阐述。

（5）Web 安全漏洞扫描技术主要是通过哪两种方式检查 Web 应用中存在的安全漏洞？请分别阐述其工作方式。

（6）什么是分布式拒绝服务攻击？

（7）简述 4 种常见的 DDoS 攻击防御手段。

（8）简述事件触发技术和文件夹驱动级保护技术的原理。

第9章

数据安全

9.1 数据安全问题分析

随着云计算的市场规模和用户量持续扩大,云计算已经成为信息系统的主要架构方式,越来越多的企业将应用和数据上传到云端,海量信息在云端存储与共享。这些数据里包含着大量用户隐私信息和企业机密信息,一旦被攻击者恶意窃取并利用,将对企业发展造成严重的经济和战略影响,因此,人们越来越关注云数据的安全问题。

根据数据生存的时间轴,云数据的生命周期可以划分为6个阶段,如图9-1所示。云数据在生命周期的各个阶段面临着不同的安全问题。

图 9-1　云数据生命周期

（1）数据生成阶段。在该阶段,数据刚被数据所有者创建,且还未被存储到云端。数据的所有者为了应对云端的不可信问题,需要在数据存储之前对数据进行一些预处理,由于这些数据通常是海量的,因此数据所有者需要考虑预处理的时间开销、计算开销以及存储开销,否则可能会因过度追求安全性而失去云计算带来的便捷性。

（2）数据存储阶段。在该阶段,用户数据被存储在云端。用户并不确定数据存储在云服务提供商的哪些服务器中,也无法得知数据的具体位置,即数据存储的位置并不确定。本阶段的安全隐患主要有两点:一是不同用户的各类数据混合存储在云端,如果云服务提供商没能采用有效的隔离策略,可能会导致用户的敏感数据被非法窃取;二是云服务可能会被病毒破坏,或遭受木马入侵,或遭受自然灾害等不可抗逆因素,这些都可能会造成用户数据的丢失或篡改,严重威胁数据的机密性、完整性和可用性。

（3）数据使用阶段。在该阶段,用户访问云端的数据,并可能对数据进行增、删、改等操作。用户一般通过网络来访问云端的数据,若传输通道不安全,数据就可能会被非法窃取或拦截。另外,如果云服务提供商制定的访问控制策略不合理或不全面,则可能造成合法用户无法正常访问自己的数据,也可能会造成未授权的用户非法访问或窃取用户的数据。

（4）数据共享阶段。该阶段是指在不同地方使用不同终端或不同软件的云用户能够读取他人的数据并进行各种运算和分析。在该阶段中,不同云数据的数据内容、格式和质量千差万别,而数据共享时可能需要对数据进行格式转换,数据在转换格式时可能会面临数据丢失的风险。另外,数据共享一般是通过某个特定的应用实现的,如果应用存在安全漏洞,则可能会导致数据泄露或丢失。

(5)数据归档阶段。在该阶段,将不再经常使用的数据移到一个单独的存储设备长期保存。在该阶段,云数据主要面临着法律和合规性方面的问题,因为一些特殊数据对归档所用的介质和归档的时间期限可能有特殊规定,而云服务提供商不一定支持这些规定,因此可能会造成这些数据不能合规地进行归档。

(6)数据销毁阶段。在该阶段,将不再使用的云数据销毁。在云环境下,用户如果要删除某些云数据,一般是向云服务提供商发送删除命令,由云服务提供商删除对应的数据。然而,云服务提供商并不可信,用户无法确定提供商是否真正执行了删除命令,另外,云服务提供商可能保留被删除数据的多个备份,这些都使得数据无法真正被删除。

云环境下的数据直接关系着用户的个人隐私、企业的商业秘密和国家的国防安全,因此需要重点关注云数据安全。保护云数据的安全,主要是保护数据的几个安全属性:机密性、完整性和可用性,同时还应该对数据的整个生命周期进行保护。其中,机密性指的是数据被安全、方便、透明地使用的特性;完整性指的是数据在传送过程中没有被非法用户通过添加、删除、替换等操作破坏或丢失的特性;可用性指的是数据可被授权实体访问并按需求使用的特性。下面将具体介绍数据加密、数据容灾与备份等云数据安全保护措施。

9.2 数据加密及密文计算

数据加密是目前用于保护数据的最普遍的方法,它是用某种特殊的算法改变原有的信息,使其不可读或无意义,即使未授权用户获得了加密后的信息,也会因不知如何解密而无法了解信息的内容。数据加密建立在对信息进行数学编码和解码的基础上,是保障数据机密性最常用且最有效的一种方法。下面详细介绍传统加密手段、同态加密手段以及安全多方计算。

9.2.1 传统加密手段

密码学中有两个基本概念,分别是加密/解密和密钥,其中密钥是在将明文转换为密文或将密文转换为明文的算法中输入的参数,如果对同一个明文采用不同的密钥进行加密,将会得到不同的密文。根据密码体制使用的密钥,可以将加密方法分为对称密钥加密和非对称密钥加密。

对称密钥加密又称私钥加密,通信双方使用同一个密钥进行加密和解密,其特点是算法公开、计算量小、加密速度快、加密效率高。根据对明文信息的加密处理方式,对称密钥加密通常可以分为分组密码加密和流密码加密。分组密码加密是将明文消息划分成固定长度的数据组,每组分别在密钥的控制下变换成等长的密文的加密方法,其特点是具有良好的扩展性,对插入和修改有免疫性,但它加密速度慢,错误会扩散和传播。流密码加密则是将明文逐位转换为密文的加密方法,它具有转换速度快及错误率低的优点。

非对称密钥加密又称公钥加密,它使用公钥和私钥两个不同的密钥分别执行加密和解密,其中公钥可以发给任何请求它的人,而私钥只能由通信的一方保管,不能外泄。此外,通过公钥来计算出私钥的难度非常大。非对称密钥加密能有效简化密钥分配和密钥管理的过程,但其计算速度远不及对称密钥加密,因此在实际应用中,通常会将这两种加密机制结合起来,即利用对称密钥对数据进行加密,并利用非对称密钥对密钥进行加密,从而较好地解决了运算速度和密钥管理、分配的问题。

典型的对称密钥加密算法有 AES 算法和 DES 算法,典型的非对称密钥加密算法有 RSA 算法、ECC 算法、RC4 算法等。下面将介绍其中的几个算法。

1. DES 算法

DES(Data Encryption Standard,数据加密标准)算法是一种分组对称密钥加密算法,由 IBM 公司于 20 世纪 70 年代提出。它的思想可以参照第二次世界大战时期德国的恩格玛(Enigma)机,传统的密码加密都是由古代的循环移位思想而来的,而恩格玛机在此基础上进行了扩散模糊,DES 就是在二进制级别做同样的事以增加分析的难度。

DES 使用 64 位的密钥将 64 位的明文输入块变为 64 位的密文输出块,密钥实际上有 56 位,其余是 8 位奇偶校验位。加密的数据长度如果不是 64 位的倍数,可以按照某种具体的规则进行数据位填充。DES 是一个迭代的分组密钥,采用 Feistel 技术,将加密的文本块分成两半,并使用子密钥对其中一半应用循环功能,然后输出,与另一半进行异或运算;接着交换这两半,这一过程会持续下去,直到最后一个循环,不交换。DES 采用 16 轮循环,并使用异或、置换、代换、移位这 4 种基本运算操作。

DES 的缺点是密钥长度较短,解决的办法是采用三重 DES(3DES,或 Triple DES)。三重 DES 采用 3 个密钥,执行 3 次常规的 DES 加密操作,密钥的总有效长度达到 168 位,但其时间开销很大,是 DES 算法的 3 倍。

2. RSA 算法

RSA 算法是由 Rivest、Shamir 以及 Adleman 于 1978 年合作开发并以他们 3 人的姓氏首字母命名的。RSA 算法是目前最有影响力和最常用的公钥加密算法,该算法基于一个数论事实:"将两个大素数相乘十分容易,但是想要对其乘积进行因数分解却极其困难。"因此该算法将两个素数的乘积公开作为加密密钥。为了提高密钥的强度,RSA 密钥至少需要 500 位长的素数,一般推荐使用 1024 位的素数作为加密密钥。

RSA 算法具有很高的安全性,能够应用于银行系统、电子商务等重要场景,但由于其加密和解密过程都采用大素数来计算,因此其计算速度与 DES 相比要慢得多,所以 RSA 并不适合对大量的数据进行加密。

3. ECC 算法

ECC(Ellipse Curve Cryptography,椭圆曲线密码)算法是一种基于椭圆曲线数学问题,最初由 Koblitz 和 Miller 两人在 1985 年分别独立提出的公钥加密算法。

相较于其他公钥加密算法,ECC 算法具有安全性高、计算量小、存储空间少、处理速度快、带宽要求低等优势。其中,ECC 算法内存需求少的优势使得它可以应用到很多内存受限的环境中,例如 IC 卡以及内存和计算能力较弱的移动设备等。

利用椭圆曲线建立密码算法具有两大潜在的优点：首先，不存在计算椭圆曲线有限点群的离散对数问题的亚指数算法，因此 ECC 算法不易被破解；其次，用于构造椭圆曲线有限点群的椭圆曲线是用不完的。

9.2.2　同态加密手段

同态加密（homomorphic Encryption）是一种基于数学难题的计算复杂性理论的密码学技术，利用这种技术可以实现以下功能：在密文上执行指定的代数运算，将得到的结果返回给用户解密后所得结果等于在明文上执行指定的代数运算所得到的结果。

假设 A、B 为明文，f 为加密函数，则：

(1) 如果满足 $f(A)+f(B)=f(A+B)$，这种同态加密叫作加法同态加密。

(2) 如果满足 $f(A)\times f(B)=f(A\times B)$，这种同态加密叫作乘法同态加密。

根据同态计算的操作，可以把同态加密分为部分同态加密和全同态加密。部分同态加密只能在明文上执行两种同态加密代数运算中的一种，常见的同态加密体制有 ElGamal 加密体制、Paillier 加密体制、Benaloh 加密体制等。全同态加密则既可以执行加法同态加密运算，又可以执行乘法同态加密算法，它是一种公钥加密体制，可以在解密密钥未知的情况下有效地对加密数据进行计算。

9.2.3　安全多方计算

安全多方计算（Secure Multi-party Computation，SMC）起源于姚期智在 STOC 1986 上提出的"百万富翁"问题，该问题是：两个百万富翁想比较谁的钱更多，但又不想让对方以及第三方知道自己财富的具体数目。以这个问题为起点，人们在寻找解决办法的过程中衍生并发展出安全多方计算。

安全多方计算是现代密码学中重要的研究方向，其主要目的是解决一组互不信任的参与方之间保护隐私的协同计算问题，它要求确保输入的独立性以及计算的准确性，同时各输入值不能泄露给参与计算的其他成员。

随着应用场景的不同，安全多方计算协议的种类也随之改变，但这些协议的安全需求都是敌手攻击实现模型的成功机会不大于攻击理想安全模型的成功机会。不同场景下的安全多方计算模型可以借助不同的手段来实现。例如，在半诚实模型下，可以借助不经意传输（Oblivious Transfer，OT）技术来实现，而恶意模型下的安全多方计算可借助零知识证明、可验证的秘密共享方案等技术来实现。

目前，安全多方计算的研究主要集中在普适安全性、公平性、效率以及量子构造等方面。安全多方计算的特性使其可以运用在云计算环境中来保护用户的个人隐私和数据安全。

9.3　数据容灾与备份

容灾备份是为了预防灾难发生和控制灾难带来的损害而做的备份工作，这是保障云服务和云数据可用性的关键技术。具体来说，容灾备份是指利用技术、管理手段以及相关资源,确保在灾难发生后关键数据、关键数据处理系统和关键业务能够及时恢复。实施容灾备份的目标是:一旦灾难发生,容灾备份中心能够及时接替生产中心的运营,恢复既定范围内的业务运作,保障企业业务不间断。

从技术角度说,衡量容灾系统的两个主要衡量指标是恢复点目标(Recovery Point Objective,RPO)和恢复时间目标(Recovery Time Object,RTO)。其中,RPO 是指企业的损失容限,即在对业务造成重大损害时可能丢失的数据量;RTO 指的是系统的恢复时间,即应用程序不会因中断或关闭而对业务造成重大损害的时间。由此可见,RPO 和 RTO 越小,系统的可用性就越高,相应地,用户需要投入的容灾系统建设成本也越高。

在建立容灾系统的时候需要使用多种技术,例如生产站点和冗余站点的互联技术、进行远端数据复制的远程镜像与快照技术以及存储虚拟化技术,下面将分别介绍这些技术。

(1)互联技术。容灾需要涉及生产站点和冗余站点,因此将两者互联的技术在容灾中很重要。目前生产站点和冗余站点互联技术主要有两种:一种是光纤通道连接,这种方式可以提供很高的性能,但成本很高;另一种是网络互联技术,包括基于 IP 的光纤通道(Fibre Channel over IP,FCIP)、Internet 光纤信道协议(Internet Fibre Channel Protocol,iFCP)、Internet 小型计算机系统接口(Internet Small Computer System Interface,iSCSI)等。

(2)远程镜像与快照技术。远程镜像又叫远程复制,是容灾备份的核心技术。远程镜像就是把磁盘中的数据完全复制到另一个磁盘中,数据在这两处的存储方式完全相同。镜像技术首先应用于本地操作,由于容灾对距离的需求而发展成了远程镜像技术,即生产站点和冗余站点的数据存储方式一致。另外,实现快速数据备份的技术叫快照,它是某时间点磁盘系统中数据的扫描,它不包含任何原始数据信息,但用户通过快照与时间信息可以得到该时刻的完整数据。

(3)存储虚拟化技术。存储虚拟化为容灾提供了一种灵活的解决方案。利用虚拟化的特性,数据管理工具可以更好地处理快照、备份,并按需配置数据容量以支持各种备份策略。

在云计算环境下,一个好的备份系统除了要配备好的软硬件产品外,还要有良好的备份策略和管理规划作为保证。备份策略的选择需要综合考虑备份的数据总量、线路带宽、时间窗口、数据吞吐量和恢复时间要求等因素。目前,云计算环境中的备份策略主要有全量备份、增量备份和差异备份。

(1)全量备份。对整个系统包括系统文件和应用数据进行完全备份。这种备份方式的优点是数据恢复所需的时间短;缺点是由于备份数据中的大量内容是重复的,因此浪费了大量的磁盘空间,增加了数据备份的成本。另外,由于需要备份的数据量大,因此备份所需的时间也很长。

(2)增量备份。对上一次备份(可以是全量备份、增量备份或差异备份)后增加的和修改过的数据进行备份。这种备份方式的优点是节省了磁带空间,缩短了备份时间;缺点是在发生灾难时数据恢复比较麻烦,需要进行多次数据恢复才能恢复至最新的数据状态。

(3)差异备份。对上一次全量备份之后新增加的和修改的数据进行备份。这种备份方式的优点是无须每次都进行全量备份,因此备份时间短,并且能够节省磁盘空间。另外,这种策略的容灾恢复也很方便,管理员只需要两次备份数据,即全量备份的数据磁带与发生灾难前一天的备份数据磁带,即可将系统完全恢复。

管理人员可根据不同业务需求对数据备份的时间窗口和灾难恢复的要求选择合适的备份方式。为了得到更好的备份效果,也可以将这几种备份方式组合使用。

9.4　其他数据保护措施

9.4.1　数据隔离

云计算的特点之一就是多租户,这意味着多个租户的数据会存放在同一个物理介质上。通常云服务提供商会采用数据标签等数据隔离技术来防止对混合数据的非授权访问,但攻击者仍然可以通过程序中的漏洞实现一定程度的非授权访问。例如,在 2009 年 3 月,Google Docs 就发生了不同用户之间文档的非授权交互访问。

云计算的隔离技术往往涉及很多虚拟机实现的细节。OmniSep 是一个用于数据隔离的技术框架,它包括了以下组件:部署在虚拟机管理器中的两个软件模块,其中一个针对数据隔离,另一个针对网络隔离;部署在云服务提供商的存储设备上的标记服务;安装在所有用户虚拟机实例上的 Pedigree 操作系统级信息流追踪组件。下面介绍 OmniSep 的几个组件是如何配合工作的。

运行 Pedigree 的云租户可以指定安全策略,并运用部署在云服务提供商那里的标记服务,自动把标记分配给租户的数据,这样 Pedigree 就可以对租户虚拟机中的所有进程和文件信息流进行追踪。如果租户的数据不符合规定,流向另一个租户的虚拟机或云计算境外的网络区域,虚拟机管理器上的执行组件就会终止类似数据的交换。网络隔离软件主要用于干扰对多租户共享的硬件资源进行探测的行为,具体实施过程是:通过向中央数据库重写租户虚拟机的 IP 地址,阻止攻击者探测租户的真实 IP 地址,同时调节 ping 值返回时间,使得同一台物理主机上虚拟机之间的 ping 时间值和不同物理主机之间的 ping 时间值相同。

下面举个实际的例子来帮助读者认识基于 OmniSep 技术框架的云计算数据隔离防护过程。假设有一个正常用户 A 和一个恶意用户 B,A 登录系统后发起查看其个人信息的请求,他得到的返回信息会标记一个“A”,销密服务器把返回数据里的标记剥离,即除去 A 的标记信息,虚拟机管理器上的执行组件发现这些数据没有包含敏感标记,于是放行;B 通过 SQL 注入攻击想得到 A 的个人信息,销密服务器同样也会对 B 得到的返回数据进行标记剥离,由于 B 窃取的 A 的数据在经过执行组件时还带有 A 的标记,因此执行组件会对数据进行拦截,从而起到保护作用。

9.4.2　数据迁移

数据迁移是数据系统整合中保证系统平滑升级和更新的关键部分,同样在云计算中也具有举足轻重的地位。数据迁移的质量不但是新系统投入使用的重要前提,也是今后稳定运行的有力保障。

当云计算环境中的物理服务器发生宕机时,为了确保正在进行的服务能够继续进行,就需要将正在工作的虚拟机迁移到其他服务器上,而虚拟机迁移的实质就是对与该虚拟机相关的数据进行迁移,迁移的数据包含内存和寄存器中的动态数据,还包含磁盘上存储的静态数据。为了让用户感觉不到宕机的发生,数据迁移需要高速进行,而且为了让虚拟机能在新的服务器上恢复运行,还需保证数据的完整性。另外,虚拟机上还可能运行着机密数据,因此需要保证这些数据在迁移的过程中不被泄露。

虚拟机到虚拟机的迁移主要有离线迁移和在线迁移两种方式:

(1) 离线迁移,也称为静态迁移。这种方式在进行迁移之前需要将虚拟机暂停。如果共享存储,则只复制系统状态至目的主机,最后在目的主机上重建虚拟机状态,恢复执行;如果使用本地存储,则需要同时复制系统状态和虚拟机镜像到目的主机。在离线迁移的过程中需要暂停虚拟机,这意味着用户有一段时间是无法使用服务的,因此这种方式虽然简单易行,但只适用于对服务可用性要求不严格的场景。

(2) 在线迁移,也称为实时迁移。这种方式是在保证虚拟机上的服务正常运行的同时,虚拟机在不同的物理主机之间进行实时迁移。在线迁移的逻辑步骤和离线迁移基本一致。两者的不同点在于:为了保证迁移过程中虚拟机服务的可用性,在线迁移过程仅有很短暂的停机时间。在迁移前期,服务在源主机上运行;当迁移到一定阶段时,目的主机已具备运行系统所必需的资源时,经过非常短暂的切换,控制权就从源主机转移到目的主机,此时服务就会在目的主机上继续运行。在在线迁移的过程中,服务暂停的时间很短暂,用户基本上不会察觉,因此在线迁移的过程对用户是透明的,它可以应用于对服务可用性要求很高的场景。

9.4.3　数据审计

数据审计主要用来帮助用户生成审计报表,对安全事件进行追踪溯源,提高数据资产的安全性。通常情况下,数据审计能够实时记录云计算环境中的数据操作、数据状态以及用户访问行为等,并对用户的访问行为进行记录、分析和汇报。

云计算环境下的数据审计需要考虑几种与审计有关的风险,包括固有风险、检查风险和控制风险。其中,固有风险是指在不考虑内部控制的情况下,应用程序和虚拟机在运行过程中发生重大错误的可能性;检查风险指的是审计方法不能发现实质性错误的可能性;控制风险是指现有的控制方法不能及时阻止或检测到错误的可能性。

总的来说,数据审计主要包括以下几方面的内容:

(1) 多层业务关联审计。通过结合应用访问和数据操作请求进行多层业务关联审计,实现对操作发生的 URL、客户端的 IP 地址和请求报文等访问者的信息进行完全追溯。管理人员通过多层业务关联审计可以全面地了解用户的行为,做到云计算环境中的操作行为可监控、违规操作可追溯。

(2) 细粒度用户操作审计。通过对数据访问请求进行语义分析,提取出访问请求的相关要素,例如用户、操作、对象、函数等,实时监控来自应用系统、客户端等多个层面的所有数据操作请求,并对违规的操作进行阻断。审计系统不仅要对数据操作请求进行实时审计,还需要根据用户的历史访问操作进行用户行为建模,根据用户的行为模型设计审计规则。

（3）精准化行为回溯。当安全事件发生时，审计系统要提供基于数据对象的完全自定义审计查询及审计数据展现，精准地定位到所有层面的数据访问及操作，为事件追踪溯源提供依据。

（4）全方位风险控制。根据登录用户、操作命令、操作时间、源 IP 地址等定义用户所关心的重要事件和风险事件，当检测到可疑操作或违反审计规则的操作时，系统需要通过短信警告、邮件警告等方式通知管理员。

9.4.4 数据删除

为保障云计算环境下的数据安全，需要对云数据在生命周期中的各个阶段采取安全保护措施，而数据删除正处在云数据生命周期的最后一个阶段，普遍存在数据残留问题，云端数据可能面临数据删除后被重新恢复、云端的原数据和备份数据没有被云服务提供商真正删除等安全风险。所谓数据残留，指的是存储介质中的数据被删除后，并未彻底清除，而在存储介质中留下存储过的数据痕迹。这些残留数据会在有意或无意中泄露用户的敏感信息，给用户带来严重的损失。

传统的数据残留一般只涉及硬件层面的深层数据销毁，用户一般只需采用文件粉碎、高温与爆破销毁等技术就可以将数据完全擦除。但云计算环境下的数据残留还涉及很多需要考虑的因素。例如，各个层面的数据由于各种应用需求和灾备需求，往往会在用户未察觉的情况下对数据进行第三方缓存、复制或归档，这种情况尤其在 SaaS 应用中比较普遍。

目前，云环境下数据完全擦除的方法还比较少。实现数据安全删除的技术主要可以分为安全覆盖和密码学保护这两大类：

（1）安全覆盖技术。删除数据时首先对数据本身进行破坏，即使用新的数据对旧的数据进行覆盖，以达到原数据不可恢复的目的，这样即使云服务提供商保留了该数据的某些副本并通过某些手段获得密钥来解密，其最后看到的内容也是完全没有意义的。然而安全覆盖技术想要达到高安全性的前提是云服务提供商需要向用户提供关于用户的云数据及所有备份的具体存储位置，若云服务提供商存储了用户所不知道的备份数据，则最终也无法达到安全删除的目的。因此，这种方法在云服务提供商不可信的情况下是不能保证高安全性的。

（2）密码学保护技术。对上传到云存储中的数据进行多次加密，并由一个或多个密钥管理人员来管理密钥。当数据需要被删除的时候，密钥管理者就会删除该数据对应的解密密钥，这样，即使云服务提供商保留了该文件的备份，也无法解密该文件。相较于安全覆盖技术，密码学保护技术能够在云服务提供商不可信的情况下保证对数据的安全擦除，因此具有更高的安全性。

9.5 本章小结

随着电子信息化进程的快速发展，政治、经济和军事等方面的电子信息化程度也越来越高。数据作为信息的载体，其安全性直接关系到用户隐私、商业秘密和国家安全等各个方面,因此云数据安全是构建云安全体系的核心环节,是推动云计算技术广泛应用和不断发展的重要因素。为保障云数据安全,需要采取全面的安全防护措施来有效保障数据的机密性、完整性等基本安全属性。

本章首先分析了云数据在生命周期的各个阶段所面临的不同的安全问题,然后介绍了数据加密及密文计算、数据容灾与备份以及数据隔离、数据迁移、数据审计、数据删除等数据保护措施。通过本章的学习,读者应该对云环境下的数据安全现状与常见安全问题有一定的认识,掌握常用的数据安全防护措施。

9.6　思考题

(1) 云数据的生命周期有几个阶段? 每个阶段分别面临什么安全问题?

(2) 对称密钥加密和非对称密钥加密的特点分别是什么? 分组密码和流密码有什么不同?

(3) 常见的对称密钥加密算法和非对称密钥加密算法有哪些?

(4) 从技术角度说,衡量容灾系统的两个主要指标是什么? 这两个指标分别代表什么?

(5) 在建立容灾系统时涉及的技术有哪些? 云计算环境下的备份策略主要有哪3 种?

(6) 虚拟机之间的数据迁移主要有哪两种方式? 简述这两种方式。

(7) 数据审计需要关注的内容有哪几方面?

(8) 数据安全删除的技术主要可以分为哪两大类?

第 10 章

云安全服务

10.1 安全功能服务化

为了保障信息系统的安全,信息系统网络通常会在终端设备上安装监控代理,部署防火墙、入侵检测和安全审计等系统防御和检测设备。传统安全设备一般会直接部署到终端设备或者尽可能贴近网络边界,以达到最佳的防御效果。通常来说,只要配置正确,这些安全设备都能很好地检测并防御来自网络外部以及网络内部的恶意流量和攻击。

然而,随着信息系统规模的不断扩大以及业务融合交互需求的增加,恶意的攻击和爆发式增长的恶意代码迫使企业部署越来越多的安全防护设备,这无疑极大地增加了企业的经济负担,同时也增加了管理人员的维护和配置工作。

为缓解这种压力,安全功能服务化应运而生。早期的安全功能服务化体现了资源集中处理的思想,即对于用户共性的、业务耦合较弱的安全需求,不再由各个用户系统分别实现安全保护,而是由第三方安全服务提供商统一提供安全模块,用户只需根据自己的安全需求组合和调用这些安全模块,即可实现信息系统的安全防护。

云计算的发展和应用系统外延的持续扩张使得网络边界越来越模糊,安全功能的实现需要与应用系统解耦合,并通过集中式、标准化的方式来适应不同规模和不同业务类别的应用。安全功能服务化也可称为安全即服务(Security as a Service, SaaS),是将对应用系统或网络的安全防护措施以服务的形式提供给用户。安全功能服务化是云服务的重要组成部分,它以云计算环境作为依托向用户提供各种安全服务。安全功能服务化要求云计算环境下的安全防护手段所需具备的能力如下:

(1)高速高效的处理能力。目前大部分用户已经拥有百兆带宽的光纤接入,核心网和骨干网更是达到万兆甚至更高的数量级,因此安全设备的处理能力必须高速、高效才能保障系统的安全。

(2)灵活弹性的配置能力。安全功能服务化需要针对不同用户不同等级的安全需求提出具体的建议和规划,并通过弹性配置的方式来减少系统扩容或升级导致的成本,降低管理的复杂度。

(3)实时监测的应用能力。当前病毒、蠕虫等应用层威胁和传统的基于网络或传输层的安全威胁共同构成了复合式的威胁,这些威胁严重危害云计算系统的安全。安全服务化要能够检测绝大部分恶意代码和非法入侵行为,并提供自身规则、策略库和按需更新机制,降低企业及用户在接入互联网时面临的安全威胁。

(4)全程的业务防护能力。安全防护手段不能依赖传统的网络安全边界,必须提供端到端的全程业务防护能力,要能按需认证参与网络通信的双方身份,判定要求访问资源的用户权限,记录和审计交互过程中产生的时间和日志,保护数据在传输过程中的完整性和机密性。

(5) 普适宜用的运行能力。安全功能服务化要求安全手段具有普适性特征,要能兼容不同的操作系统、用户服务器和终端。另外,还应通过标准化和规范化的方式提供接口,实现安全服务的灵活调用,便于用户使用和业务系统的集成。

相较于传统计算模式,云计算能够提供廉价且强大的计算能力和存储能力,它具有运行状态可控、资源可弹性伸缩、按需计费等特点,这些优势使得通过集中、统一的实施方式实现安全功能按需交付成为可能。

10.2　典型的云安全服务

10.2.1　流量清洗服务

流量清洗服务是针对 DoS/DDoS 攻击的监控、告警和防护的一种网络安全服务。该服务对进入客户 IDC 的数据流量进行实时监控,及时发现异常流量,并且在不影响正常业务的前提下清洗异常流量,进而有效地满足用户对业务连续性的要求。同时,该服务通过时间通告、分析报表等服务内容提升客户网络流量的可见度和安全状况的清晰度。

流量清洗服务系统主要由攻击检测、攻击缓解以及监控管理 3 个部分组成。其中,攻击检测部分检测网络流量中隐藏的非法攻击流量,一旦发现异常流量,就会立即通知并激活防护设备进行异常流量的清洗;攻击缓解部分通过专业的流量清洗平台,从原始网络路径中重定向可疑流量,识别和剥离恶意流量,并把合法流量回注到原网络中转发给目标应用系统,这样就不会影响正常流量的转发路径;监控管理部分对流量清洗系统的设备进行集中管理和配置,向管理人员展示实时流量、告警事件,及时输出流量分析报告和攻击防护报告等。下面以宽带流量清洗解决方案为例,详细介绍流量清洗服务的主要流程。

流量清洗方案原理如图 10-1 所示,从中可以看到,此流量清洗方案主要分为 3 个步骤:第一步,利用专用检测设备对用户业务流量进行分析和监控;第二步,一旦检测到用户遭受 DDoS 攻击,检测设备将情况上报给专用业务管理平台生成流量清洗任务,将用户流量牵引到流量清洗中心;第三步,流量清洗中心对牵引过来的用户流量进行清洗,再将清洗后的用户合法流量回注到城域网,与此同时,上报清洗日志到业务管理平台生成报表。

流量清洗服务主要包括以下 4 个功能:

(1) 实时/按需的流量清洗。当攻击发生时,可实时启动流量清洗服务,也可在发生攻击后的规定时间内启动流量清洗服务。

(2) 支持多种类型的流量清洗。服务能够针对 UDP、TCP、ICMP、HTTP、SIP、DNS 等应用进行准确的流量清洗,同时支持对 SYN Flood、ICMP Flood、UDP Flood、DNS Query Flood 和(M)Stream Flood 等各类 DoS 攻击的防御。

(3) 动态调整防 DDoS 攻击策略。针对网络安全管理情况,结合不同种类用户的需求,动态调整 DDoS 攻击防御策略的配置,达到最佳的防攻击模式。

(4) 可定期向用户提供服务报表。服务可以实现攻击过程的记录与分析,使用户能够了解自身设备受到防护的过程以及结果。

流量清洗服务可以实现整个服务调用过程的交互安全,但同时它也带来了很多问题。首先,流量经过流量清洗服务实例转发必然会造成数据传输延迟,因此带宽可能会成为制约网络性能的关键因素。其次,由于用户的流量对流量清洗服务提供商是完全可见的,因此用户的敏感数据可能会泄露给第三方服务商。

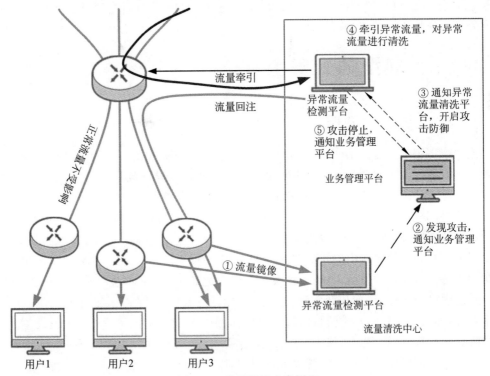

图 10-1 流量清洗方案原理

10.2.2 云查杀服务

对于信息系统来说,最常见的威胁来自可执行程序,这些人为编制的程序会利用系统存在的漏洞发起恶意攻击,给计算机软硬件设施造成极大破坏。与传统反病毒模式相比,云计算因其具有超强的计算能力而具备较强的病毒防护能力,通常云查杀服务都能由云端统一提供病毒特征库和杀毒引擎,并利用其计算能力快速分析和提取病毒特征。

恶意程序通常可以分为两类:一类需要寄生在宿主程序中,它们必须依赖实际的系统程序或应用程序才能运行,例如病毒、后门等;另一类可以独立于宿主程序,它们可被操作系统调度并独立执行,例如僵尸程序等。另外,恶意程序还可以依据是否能自我复制来划分:不能进行自我复制的恶意程序只能通过触发而被激活,例如逻辑炸弹;能自我复制的恶意程序则一般包括独立的执行部分和复制部分,当获取执行机会后将会产生自身的副本,这些副本在合适的时机会被激活,例如蠕虫等。

随着技术的不断发展,各类病毒层出不穷,危害性也更强,传统的反病毒查杀模式面临着许多挑战。首先,病毒的发现具有滞后性,因为新病毒的发现需要经过检测、识别等多个步骤的反复确认,这可能使得病毒在被发现时已经造成了巨大的破坏;其次,病毒库更新不同步,用户如果没有及时更新自己计算机里的病毒库,从而使得自己计算机里的病毒库的版本较低,将会很容易受到病毒感染;最后,传统的防病毒软件在运行时的 CPU 占用率通常都很高,高负载的病毒检测程序会加重 CPU 和磁盘的负担,使用户主机的工作性能下降。

然而,云计算环境由于实现了资源的高效整合和集中利用,具备了超强的计算能力,因此可以为病毒特征的快速分析和提取提供强大支持。用户通过使用云计算提供的病毒查杀服务,就无须在自己的主机上安装庞大的病毒库和杀毒引擎,而只要保留基本的主动防御程序和云服务接口组件,就可以实现系统的实时防护和病毒查杀,并且用户无须再担

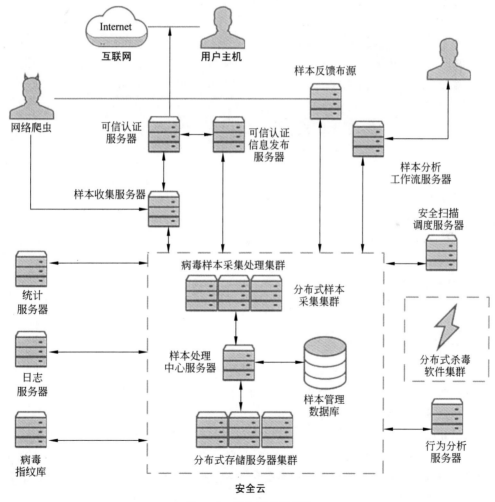

图 10-2　安全云系统架构

心病毒库的更新问题,因为云数据中心会对其提供的病毒特征库和查杀引擎进行统一更新升级,用户只需通过网络就可以使用最新的病毒库和杀毒引擎。

安全云提供的新型病毒查杀模式实际上是一种基于互联网的防病毒体系,其安全架构主要包括用户主机、互联网和安全云 3 个部分,如图 10-2 所示。其中,用户主机是安全服务的使用者;互联网是安全服务的交付媒介,也是病毒的主要来源;安全云则是安全服务的提供者。

病毒样本采集处理集群是安全云内部系统结构的核心,其主要包括分布式样本采集集群、样本管理数据库、分布式存储服务器集群和样本处理中心服务器等核心的功能单元,它们可以实现病毒样本的处理、记录以及存档。另外,安全云还包含了网络爬虫、统计服务器、行为分析服务器、分布式杀毒软件集群等,它们主要可以提供病毒查杀、任务调度等功能。安全云利用安装在用户主机上的客户端所构成的庞大网络获取互联网中最新的病毒信息,由云端的服务器集群负责分析和处理所收集的信息,并将病毒特征码或处理结果发送到每个客户端,从而实现病毒的快速检测。

与传统的病毒查杀模式相比,云计算提供的病毒查杀利用了大量互联的服务器,从而大大提高了病毒查杀的能力,明显缩短了病毒查杀所需的时间。另外,云病毒查杀系统利用众多的客户端收集最新的病毒信息,这样可以扩大病毒样本量,有利于病毒的分析以及病毒查杀方案的确立,因此用户既是反病毒体系的贡献者,也是受益者。

10.3　云安全服务存在的问题

安全功能服务化已经成为网络安全技术发展的趋势,尤其是在云计算环境下。云计算的出现从 IT 资源上保障了安全服务运行所需的计算、存储以及网络资源,并且其具备的泛在接入以及弹性供给的能力也让用户更容易获得云安全服务,因此云安全服务受到了用户的青睐。然而,在云安全服务迅猛发展的过程中,云环境在自身稳定性和可用性上都暴露出不少问题,这些直接影响到云安全服务的质量,也使得用户对云安全服务仍持有怀疑的态度。本节就针对目前云安全服务所存在的问题,介绍需要改进和完善的 3 个方面。

10.3.1　用户隐私安全

隐私安全关系着用户的个人隐私、企业的商业机密以及国家的国防安全,因此它在云安全中占据着重要地位。云安全服务提供商需要在为用户提供云安全服务的同时保护好用户隐私信息和敏感数据的安全。

前面介绍的流量清洗服务有一个缺点,就是用户的数据对第三方云安全服务提供商而言是透明的,因此很可能会导致用户的敏感数据被泄露。虽然云安全服务提供商都宣称云安全服务与用户业务系统的集成只是为了检测的需要,仅有可疑的文件和数据会被上传至云端进行检测和扫描,但存储个人隐私的数据文件也同样可能被当作可疑文件上传至云端,一旦文件脱离了用户的控制范围,就会面临数据是否被有效保护、检测完后是否被销毁等安全问题。

另外,对于鉴权服务、云安全认证而言,用户需要将自己的账号和口令等上传至云计算环境中,并由云端作为可信第三方为用户使用网络站点提供信任担保。如果委托云计算平台进行身份管理的用户是一个大型企业,那么云平台将保存该公司所有员工的个人信息,一旦云平台的安全防线被攻破,这些信息将被泄露,这将带来无法估量的损失。

10.3.2　云安全服务健壮性

云计算环境提供的安全服务可以提高服务的效率和性能,但云环境的开放性也使其面临着许多安全风险。例如,用户能很方便地利用终端设备,通过互联网访问云端的数据和应用,而攻击者也能很容易地对云端发起攻击。随着云计算的不断发展,恶意攻击者入侵云计算环境的案例数不胜数,一旦云环境自身的安全得不到有效保障而被攻击者攻破了安全防线,那么其承载的各类服务及用户数据将面临严重的安全威胁,轻则导致用户数据信息泄露,重则可能导致用户服务中断,这些都将会给企业和个人带来巨大损失。

为应对攻击者层出不穷的攻击手段,云计算环境必须增强其安全服务的健壮性,安全服务提供商在部署安全服务前,就应该充分考虑安全服务在云端运行过程中可能面临的各种风险,并采取相应的措施增强自身的健壮性,在最坏的情况下至少要能提供比较完善的恢复手段以防止用户数据的丢失。

10.3.3　云安全服务适应性

早期的云安全服务只能提供恶意网址检测、电子邮件过滤等功能较为简单的安全服务,这一阶段的用户数量相对较少。随着互联网的不断发展,攻击者的攻击能力越来越强,恶意软件也越来越泛滥,使得用户对网络及终端的安全防护需求越来越强烈。云计算的出现让安全功能服务化成为可能,安全防毒云的迅猛发展带动了整个安全服务产业,越来越多的安全应用是以服务的形式交付给用户的。

在这种背景下,云安全服务必须与物联网、移动互联网等新技术的发展相适应,要让微型终端、平板电脑、智能手机等终端实体都能像网络中的服务器一样实现安全功能的按需调用。要实现这一点,云安全服务产品就必须做到根据终端的运算能力、网络质量等参数自动判断其所需的服务,以便向其推送安全服务,也就是要具备安全服务能力的动态调整机制,以使安全服务具有更高的适应性和兼容性。

10.4　本章小结

随着云计算的迅猛发展,安全功能服务化已成为如今的趋势。本章首先对安全功能服务化进行了总体介绍,列出了为实现安全功能服务化要求,云计算环境下的安全防护手段应具备的能力。接着介绍了流量清洗、云查杀这两种典型的云安全服务,其中具体介绍了流量清洗的原理及缺点、病毒查杀的系统架构等。最后提出了云安全服务存在的 3 个问题,分别是用户隐私安全问题、云安全服务健壮性以及适应性,云安全服务提供商需要在这 3 个方面进行改进和完善。

10.5 思考题

（1）安全功能服务化要求云计算环境下的安全防护手段具备哪些能力？

（2）流量清洗服务的过程是什么？该服务有什么缺点？

（3）简述流量清洗服务需要具备的主要功能。

（4）云查杀服务中的安全云系统架构由哪些部分组成？它们是如何相互配合来工作的？

（5）云安全服务还存在哪些问题需要改进和完善？

第 11 章

云安全管理平台

11.1 云安全管理平台概述

随着云计算的普及,大量分散数据集中到私有云和公有云内,这些数据中包含的巨大信息和潜在价值也吸引了更多的攻击者,根据国家计算机网络应急技术处理协调中心(简称 CNCERT/CC)报告,网络安全事件依然持续不断爆发。《信息安全技术 网络安全等级保护基本要求 第 2 部分:云计算安全扩展要求》(GA/T 1390.2—2017)标准,对云环境中的应用系统以及虚拟网络设备作出了明确的要求。云时代的安全防护不仅要求安全防护能力能够满足相关法律法规和标准的要求,同时要求云服务提供商能够向云内的租户提供相应的安全服务能力,并且安全服务能力的使用能够支持可运营。

仅依靠在云内部署虚拟化设备的方式已经完全无法满足用户管理使用和安全防护的要求,云上的安全服务能力需要考虑适应云计算环境中的攻击特点,构建从网络到主机、应用的立体化防护手段。

云安全管理平台是一个架构先进、适用范围广的云计算安全解决方案,能广泛兼容多种云计算环境,为云服务提供商搭建安全服务能力供给平台,实现安全服务的可运营、可持续产出。云安全管理平台提供的安全服务除了满足法律法规和标准的要求外,还能适应云上安全的特点,提供立体化的安全防护能力。

云安全管理平台是可以全面解决专有云安全问题的一站式综合性解决方案。产品整体设计由原来以防范为中心、基于边界防御的传统网络安全升级为集监测、发现、防御于一体的解决思路,深入云计算内部,覆盖云环境中的网络层、宿主机层、虚拟化层、云主机层、应用层、数据层等多层防护。

云安全管理平台支持一站式管理,即只需部署一套系统,即可防御云安全威胁,并可针对不同的使用者设计不同的安全控制权限;对云平台网络层、宿主机层、虚拟化层、云主机层、应用层、数据层等提供全面的防护功能,实现多方位的联动防护;云安全管理平台支持威胁可视化,提供覆盖云平台多层的漏洞攻击、东西向流量、违规告警等多维度的可视化展示,提供更高效的云平台管控。

11.2　云安全管理平台架构

云安全管理平台以云安全资源池为基础,构建可弹性扩展的综合云安全防护体系。该平台以数据驱动为核心,深入云计算内部,全面覆盖云计算中的网络层、主机层、应用层以及数据层防护,具有云计算环境下安全即服务(SaaS)的特点,并且满足快速部署、安全可靠、专业服务的安全需求。

云安全管理平台采用 SOA 架构、分层设计,构建基于云安全资源池的云安全解决方案和安全模块虚拟化,并且租户可根据自身业务以及场景需求,构建相应的立体纵深安全防御体系。云安全管理平台架构如图 11-1 所示。

从图 11-1 可以看出,云安全管理平台主要包括自服务门户、运维管理中心、运营监控中心、安全服务以及安全资源 5 个部分。

1. 自服务门户

云安全管理平台为租户提供基于云安全的自服务门户。租户可以根据自身业务以及场景需求,快速便捷地进行安全组件的购买、续费、扩容、策略管理等操作。自服务门户具有按需使用、快速部署、安全可靠、专业服务等特点。

2. 运维管理中心

云安全管理平台为运维人员提供运维管理中心,主要包括资源池管理、租户管理、日志管理、计量计费管理、权限管理、风险管理以及其他管理功能。该模块为运维人员提供云平台安全态势、NFV(Network Function Virtualization,网络功能虚拟化)安全组件状态、租户购买订单情况、授权使用情况等信息。

3. 运营监控中心

运营监控中心主要包括云平台安全监控以及云租户安全监控两部分,主要用于结果输出以及成果展示。

4. 安全服务

云安全管理平台在提供主机安全服务的基础上,增加东西向安全服务以及南北向安全服务,提供全方位的安全防护措施。其中,主机安全服务包括主机杀毒、主机加固、Hypervisor 加固以及 WebShell 检测,东西向安全服务包括 HFW(Host Firewall,主机防火墙)以及 HIPS(Host-based Intrusion Prevention System,基于主机的入侵防御系统),南北向安全服务包括基础安全服务、增值安全服务、Web 安全服务以及审计安全服务。

5. 安全资源

云安全管理平台包含众多安全资源,主要包括 VPN、入侵防御、防病毒、堡垒机、网页防篡改、防火墙、Web 防护、抗 DDoS 攻击、数据库审计、云端安全等安全措施。

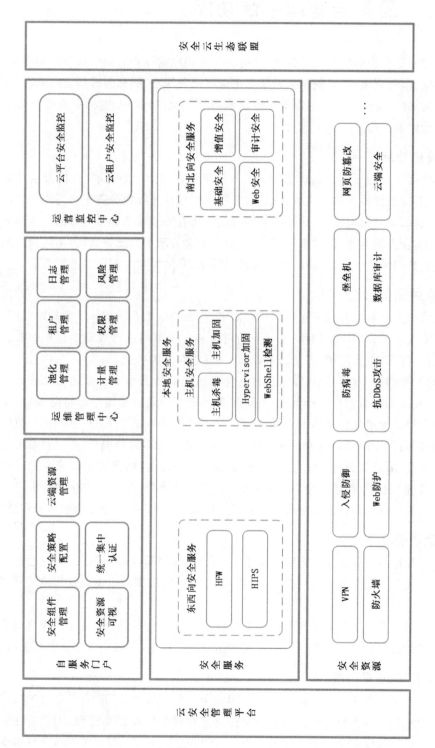

图 11-1　云安全管理平台架构

11.3 云安全管理平台功能

云安全管理平台为解决云安全问题,具有一系列相应的核心功能。从用户角度来看,主要有模块化、多租户服务、自助服务以及安全策略配置等功能;从管理员角度来看,主要有管理员权限隔离、安全事件分析以及实时获取网络安全信息等功能。下面对上述 7 个核心功能进行详细介绍。

1. 模块化功能

云安全管理平台为云租户提供了 VPN、入侵防御、防病毒、防火墙、主机安全等常用的安全服务,各功能部件以模块化方式部署,云租户可根据实际业务需求和应用场景进行安全组件的选择,具有架构简单、易于扩展等特点。所有安全设备都以容器的形式部署在安全资源池中,设备的创建、许可激活、删除均由云安全管理平台统一实现,不同租户的安全设备通过虚拟网络进行隔离,虚拟设备可通过浮动 IP 地址与外部网络进行通信。

2. 多租户服务功能

云安全管理平台满足云内多租户的管理需求,平台中的租户构成一个虚拟的组织,它包含了一组安全服务,并且可以对安全服务的对象和安全策略进行管理多租户服务。具有自服务、透明部署、资源隔离、用量可追踪、统一日志存储的特点。

其中,自服务指每个租户都可以根据自身业务系统的特点和安全级别选择特定的安全服务,所有安全策略由租户自行管理;透明部署表现为云安全管理平台将防火墙、IPS、防病毒等安全设备虚拟化并进行统一部署,底层设备安装和实现对用户透明,用户只需使用即可;资源隔离指不同租户间通过安全资源池内的虚拟网络进行隔离,不同租户可以部署不同的安全设备,只需分配一个浮动 IP 地址用于外部通信;用量可追踪表现为可对每个租户的用量进行追踪,包括安全设备的申请、扩容以及续费;统一日志存储指租户所有安全设备的告警和日志均由云安全管理平台统一收集和存储,并发布相应的告警和通知。

3. 自助服务功能

云安全管理平台实现从用户资源的申请、审批到分配部署的流程化。租户通过管理平台提供的管理门户提交安全设备申请,待管理员审批后,资源就会出现在用户的资源列表之中。

用户可根据自身的业务需求自行申请安全服务。云安全管理平台支持对租户安全设备运行状态、授权数量等方面的统计,并按期分租户统计用量,形成用量记录和相关报告。

4. 安全策略配置功能

云应用安全涉及终端安全、网络安全、应用安全等各个层面,对应的安全防护技术包括防火墙、VPN、IPS 等。云安全管理平台支持对这些设备的配置和管理,用户可在云安全管理平台上进行相应安全设备的配置。用户在配置过程中通过集中部署各部件的安全防护策略实现设备的管理,从而确保网络安全策略的统一,提高安全管理工作效率。

5. 管理员权限隔离功能

云安全管理平台采用管理员权限隔离机制,将超级用户特权集划分为系统管理员、安全管理员以及审计管理员。在此机制下,安全管理软件在实现系统管理、安全管理和审计管理功能的同时,保证了管理员权限的有效隔离。

6. 安全事件分析功能

云安全管理平台在全面采集安全事件的基础上,对安全事件的类型、威胁严重性、受攻击最多的目标、受攻击最多的租户等信息进行统计分析,从而为系统的安全事件审计和安全风险状态提供更准确的决策支持。

7. 实时获取网络安全信息功能

用户在网络的不同层次、不同节点部署安全部件,实现全方位的安全防御作用。为了实时、全面地获取网络安全信息,管理员需要监控网络中每个设备的运行状态,为网络安全分析与决策提供支持。而云安全管理平台通过开放协议采集来自不同部件的安全事件数据,如流量记录、Web 攻击时间、异常登录时间、漏洞检测时间、病毒攻击时间、异常时间等,帮助管理员实时掌握网络中各部件的安全状态,从而为进一步深入分析和决策奠定准确的数据基础。

11.4 本章小结

云安全管理平台旨在为用户在云环境中构建一个可运营、可增值的服务平台。它依赖于对安全资源的统一调度和管理,需要实现安全设备创建、激活、配置、删除全生命周期的管理,同时为云计算用户提供租户管理、日志管理、自助服务等功能。

本章首先对云安全管理平台的基本概念进行了详细阐述;接着介绍了云安全管理平台架构,对云安全管理平台架构中的 5 个部分进行了详细介绍,包括自服务门户、运维管理中心、运营监控中心、安全服务以及安全资源;最后介绍了云安全管理平台的 7 个核心功能,分别为模块化、多租户服务、自助服务、安全策略配置、管理员权限隔离、安全事件分析和实时获取网络安全信息。

11.5 思考题

(1) 什么是云安全管理平台?

(2) 云安全管理平台架构主要分为哪 5 个部分?

(3) 云安全管理平台架构中运维管理中心的主要作用是什么?

(4) 简述云安全管理平台的 7 个核心功能。

(5) 简述云安全管理平台多租户服务的 5 个特点。

第 12 章

典 型 案 例

12.1 某省电子政务云

12.1.1 应用背景

随着我国各级政府逐渐向公共服务型转变,民生问题越来越受到重视。电子政务云(E-government cloud)是一种高效、便捷地处理民生问题及各类公共事务的技术手段。电子政务云利用云计算技术对政府管理和服务职能进行精简、优化、整合,并通过信息化手段在政务上实现各种业务流程办理和职能服务,大大提高了政府的服务效率和服务能力。国家也很重视电子商务云的发展,国家发展和改革委员会发布的《关于加强和完善国家电子政务工程建设管理的意见》中特别指出,要"推进新技术在电子政务项目中的应用。鼓励在电子政务项目中采用物联网、云计算、大数据、下一代互联网、绿色节能、模拟仿真等新技术,推动新技术在电子政务项目建设中的广泛应用",并且强调要保障电子政务项目安全可控。

某省电子政务云响应国家号召,依托本省电子政务外网和互联网运行,按照国家信息安全等级保护第三级标准建设,建立了全省统一的政务云监管平台,省市两级政务云平台、云灾备平台、政务数据共享交换平台以及在用或在建的省级部门政务云分平台,以支撑各政府部门业务应用发展,实现政务云与各级政府部门之间的资源共享、数据交换和服务协同,推动电子政务朝集约、高效、安全和服务方向发展。

12.1.2 需求分析

随着电子政务系统的建设,政府机关投入巨资采购大量硬件设备,建设多个应用系统,但是随之而来的是设备资源利用率低、重复建设严重、信息系统运维难、人工成本和资源消耗巨大等问题。针对以上问题,该省政府结合云计算、虚拟化、SND(Software Defined Network,软件定义网络)等技术,计划统一构建电子政务云平台,将计算资源、网络资源池化,实现资源的弹性服务和按需服务,建设安全、稳定的运营体系,明确责任边界划分问题(如图 12-1)。

通过分析该省电子政务现状,对该省电子政务云主要提出以下 3 方面的需求:

(1) 通过云管理平台实现统一的管理和监控。目前各级政府大多围绕各项业务开发或引进不同的应用系统,这些分散的系统在建立时没有考虑统一的数据标准和信息共享问题,因此需要通过电子政务云建立的云安全管理平台对各项业务组件进行统一管理和

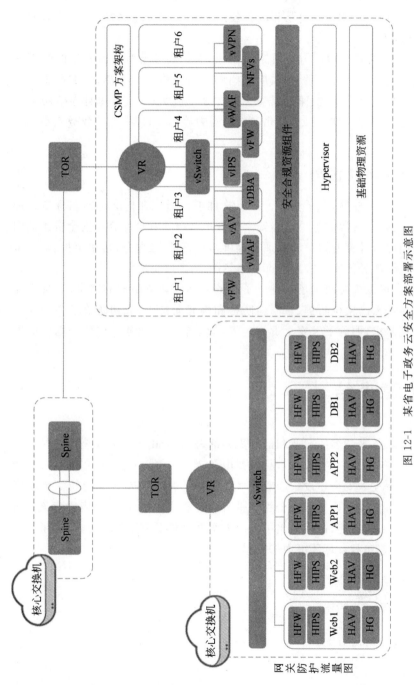

图 12-1　某省电子政务云安全方案部署示意图

Spine—核心网；TOR—交换机(柜顶接入)；VR—虚拟路由器；vSwitch—虚拟交换机；

HFW—主机防火墙；HIPS—主机入侵防御系统；Web1，Web2—Web 应用 1 和 2；

APP1，APP2—移动应用 1 和 2；DB1，DB2—数据库 1 和 2；HAV—主机杀毒模块；

HG—主机加固模块；vFW—虚拟化防火墙；vAV—虚拟化杀毒模块；

vIPS—虚拟化入侵防御系统；vWAF—虚拟化 Web 应用防火墙；vVPN—虚拟化虚拟专用网；

vDBA—虚拟化数据库审计模块；NFVs—网络功能虚拟化模块；CSMP—云安全管理平台

调度,推动信息资源整合,满足政务资源共享的需求。

(2) 提高服务灵活性、可扩展性。随着社会的快速发展和服务型政府建设的不断推进,公众、企业和社会对政府的要求不断改变,政府部门需要能够提供灵活多变的政务服务,满足政府职能转变、行政审批制度改革和政务公开的需求,推动服务创新,提升政府工作的服务效率和服务水平。

(3) 保证电子政务云的安全性。与普通企业相比,电子政务云对平台安全的要求更高,一旦平台遭受恶意攻击导致信息泄露,政府部门的公信力将大大下降,影响严重。因此,电子政务云平台应当可以动态、快速生成安全组件虚拟机实例,具备多种安全防护能力,例如主机防护能力、东西向防护能力、南北向防护能力等,从而保障电子政务云不同业务的安全动态防护需求。

12.1.3　解决方案及优势

依据电子政务三级防护标准,电子政务云安全管理平台通过在标准 x86 服务器上部署安全云环境实现底层硬件资源的复用。云安全管理平台统一管理部署在安全资源池内的各种安全设备,并面向云计算的租户和管理员提供租户管理、自服务、订单审批、安全策略配置等功能,某省电子政务云安全方案的部署示意图如图 12-1 所示。

该云安全管理平台可以很好地满足某省电子政务云不同业务防护的需求,实现立体化的防护体系,包括政务云内主机防护、东西向防护和南北向防护,成功防御了各种安全威胁,满足云安全合规要求,明确了云安全责任边界,为某省电子政务云构建了稳定的安全防护体系。

12.2　本章小结

随着云计算的发展,越来越多的行业和部门需要部署云、应用云。云安全建设是一个系统化的大型工程,其安全、持续、有效的运行需要由一个统一管理、操作简单的服务平台来保障,云安全管理平台在云安全建设中起着至关重要的作用。本章主要介绍了典型案例——某省电子政务云,首先阐述了云安全管理平台的应用背景,其次结合应用背景分析了云安全管理平台应具备的功能,最后提出了解决方案并分析了方案的优势,明确了云安全管理平台的作用以及它在云计算环境中的重要性。

12.3　思考题

简述电子政务云安全解决方案。

英文缩略语

ABE　Attribute-Based Encryption　基于属性的加密机制

ACL　Access Control List　访问控制列表

ACM　Access Control Matrix　访问控制矩阵

API　Application Programming Interface　应用程序编程接口

APT　Advanced Persistent Threat　高级持续性威胁

CB　Controlling Bridge　控制桥

CC　Challenge Collapsar　挑战黑洞

CCM　Cloud Controls Matrix　云控制矩阵

CCSA　China Communication Standards Association　中国通信标准协会

CCSM　Cloud Certification Schemes Metaframework　云认证计划初步框架

CSA　Cloud Security Alliance　云安全联盟

DAC　Discretionary Access Control　自主访问控制

DDoS　Distributed Denial of Service　分布式拒绝服务

DMTF　Distributed Management Task Force　分布式管理任务组

DMZ　Demilitarized Zone　非军事化区

DoS　Denial of Service　拒绝服务

EBS　Elastic Block Store　弹性块存储

EC2　Elastic Compute Cloud　弹性云计算

ECC　Ellipse Curve Cryptography　椭圆曲线密码

ENISA　European Network and Information Security Agency　欧洲网络与信息安全局

EVB　Edge Virtual Bridging　边缘虚拟桥接

FCIP　Fibre Channel over IP　基于IP的光纤通道

FDC　Floppy Disk Controller　软盘控制器

FG Cloud　Focus Group on Cloud Computing　云计算焦点组

HFW　Host Firewall　主机防火墙

HIPS　Host-based Intrusion Prevention System　基于主机的入侵防御系统

IaaS　Infrastructure as a Service　基础设施即服务

IDC　Internet Data Center　互联网数据中心

IDS　Intrusion Detection System　入侵检测系统

IEC　International Electrotechnical Commission　国际电工委员会

iFCP　Internet Fibre Channel Protocol　Internet光纤信道协议

IPS　Intrusion Prevention System　入侵防御系统

iSCSI　Internet Small Computer System Interface　Internet小型计算机系统接口

ISMS　Information Security Management System　信息安全管理体系

ISO　International Organization for Standardization　国际标准化组织

ITSS　Information Technology Service Standards　信息技术服务标准

ITU-T　International Telecommunication Union-Telecommunication Standardization Sector　国际电信联盟远程通信标准化组织

KVM　Kernel-based Virtual Machine　基于内核的虚拟机

LUN　Logical Unit Number　逻辑单元号

NIST　National Institute of Standards and Technology　美国国家标准与技术研究院

NSA　National Security Agency　美国国家安全局

OAuth　Open Authorization　开放授权

OSI　Open System Interconnection　开放式系统互连

OT　Oblivious Transfer　不经意传输

OWASP　Open Web Application Security Project　开放式 Web 应用程序安全项目

PaaS　Platform as a Service　平台即服务

PE　Port Extender　纵向扩展设备

RAID　Redundant Arrays of Inexpensive Disk　廉价磁盘冗余阵列

RBAC　Role-Based Access Control　基于角色的访问控制

RPO　Recovery Point Objective　恢复点目标

RTO　Recovery Time Objective　恢复时间目标

SaaS　Software as a Service　软件即服务

SAML　Security Assertion Markup Language　安全鉴别标记语言

SDLC　Software Development Life Cycle　软件开发生命周期

SDN　Software Defined Network　软件定义网络

SIOM　Secure I/O Management　安全 I/O 管理

SLA　Service-Level Agreement　服务等级协议

SMM　Secure Memory Management　安全内存管理

SSL　Security Socket Layer　安全套接层

TCB　Trusted Computing Base　可信计算基

TCP　Transmission Control Protocol　传输控制协议

TPM　Trusted Platform Module　可信平台模块

UDP　User Datagram Protocol　用户数据报协议

URL　Uniform Resource Locator　统一资源定位符

VEPA　Virtual Ethernet Port Aggregator　虚拟以太网端口汇聚器

VLAN　Virtual Local Area Network　虚拟局域网

VM　Virtual Machine　虚拟机

VMBR　Virtual Machine Based Rootkit　基于虚拟机的 Rootkits 攻击

VMM　Virtual Machine Monitor　虚拟机监视器

VPN　Virtual Private Network　虚拟专用网

VRRP　Virtual Router Redundancy Protocol　虚拟路由冗余协议

WLAN　Wireless Local Area Network　无线局域网

XaaS　Anything as a Service　一切皆服务

XRDS　eXtensible Resource Descriptor Sequence　可扩展资源描述符序列

参 考 文 献

[1] Erl T,Mahmood Z,Puttini R.云计算：概念、技术与架构[M].北京：机械工业出版社,2017.

[2] Buyya R,Vecchiola D,Selvi S T. 深入理解云计算：基本原理和应用程序编技术[M].北京：机械工业出版社,2015.

[3] 李智勇,李蒙,周悦.大数据时代的云安全[M].北京：化学工业出版社,2016.

[4] 卿昱.云计算安全技术[M].北京：国防工业出版社,2016.

[5] 戴夫·沙克尔福.虚拟化安全解决方案[M].北京：机械工业出版社,2016.

[6] 工业和信息化部电子第五研究所.云计算信息安全管理：CSA C-STAR 实施指南[M].北京：电子工业出版社,2015.

[7] 陈驰,于晶.云计算安全体系[M].北京：科学出版社,2014.

[8] 王庆波,金滓,何乐,等.虚拟化与云计算[M].北京：电子工业出版社,2009.

[9] 刘宏.云计算环境下虚拟机逃逸问题研究[D].上海：上海大学,2015.

[10] 罗四维.云计算环境分布式存储关键技术的研究[D].成都：电子科技大学,2016.

[11] 王熙.业界首部《混合云白皮书》发布,揭秘行业技术趋势[J].通信世界,2017(32)：52.

[12] 贺继东,商杰.云计算环境下安全防护的技术架构[J].工业控制计算机,2017,30(11)：57-58.

[13] 张野.试析云计算虚拟化安全技术[J].电子测试,2017(21)：65-66.

[14] 闫德生.公有云的建设思路[J].电子技术与软件工程,2017(20)：28.

[15] 张鹏,王河山.浅析 Web 应用安全风险防范[J].网络安全技术与应用,2017(10)：33,42.

[16] 陈益.浅析构建云平台"五位一体"的安全监管体系[C]//第 32 次全国计算机安全学术交流会论文集.中国计算机学会,2017：4.

[17] 孙健波,张磊.云计算中虚拟化技术的安全研究[J].办公室业务,2017(19)：185,187.

[18] 杨宣林.云计算安全风险因素挖掘及应对策略[J].石化技术,2017,24(9)：261.

[19] 马成.对于云计算虚拟化安全问题的分析[C]//第三十一届中国(天津)2017'IT、网络、信息技术、电子、仪器仪表创新学术会议论文集.天津市电子学会,天津市仪器仪表学会,2017：2.

[20] 刘玲玲.云计算安全关键技术的分析及阐述[J].电脑迷,2017(9)：23-34.

[21] 拱长青,肖芸,李梦飞,等.云计算安全研究综述[J].沈阳航空航天大学学报,2017,34(4)：1-17.

[22] 刘辉,黄海生.云计算中的云安全框架的实现[J].上海电力学院学报,2017,33(4)：394-396,401.

[23] 吴兰华.云计算虚拟化安全威胁及安全技术架构[J].电子技术与软件工程,2017(13)：203.

[24] 吴茵,王荣斌,潘平.虚拟化技术云平台面临的安全威胁与多租户安全隔离技术研究[J].网络安全技术与应用,2017(6)：73-79.

[25] 贾文杰.云计算技术发展现状及应用[J].电子技术与软件工程,2017(11)：156.

[26] 刘莹,杨雪梅.基于云计算的数据安全风险及防范策略[J].信息系统工程,2017(4)：65.

[27] 骆成蹊.关于云计算中服务器虚拟化环境安全问题的几点思考[J].中国管理信息化,2017,20(8)：125-127.

[28] 唐宏伟.虚拟机安全保障及其性能优化关键技术研究[D].深圳：中国科学院大学(中国科学院深圳先进技术研究院),2017.

[29] 邓伟伟,李亚红.基于云计算的数据安全风险及防范策略探析[J].网络安全技术与应用,2017(2)：75-76.

[30] 高炜.虚拟云安全解决方案[J].广播电视信息,2017(1)：71-74.

[31] 马颜军.Web 的安全威胁与安全防护[J].网络安全技术与应用,2016(11):20-21.

[32] 刘罡.云计算关键技术及其应用[J].信息与电脑(理论版),2016(18):68-69.

[33] 王文旭,张健,常青,等.云计算虚拟化平台安全问题研究[J].信息网络安全,2016(9):163-168.

[34] 陈乐然,王刚,陈威,等.虚拟化安全技术对比分析研究[J].华北电力技术,2016(10):64-70.

[35] 王远伟.虚拟化安全解决方案[J].信息安全与通信保密,2016(6):74.

[36] 陈兴蜀,杨露,罗永刚,等.国内外云计算安全标准研究[J].信息安全研究,2016,2(5):424-428.

[37] 党红恩.浅析云计算的数据安全风险及防范策略[J].电脑迷,2016(4):42.

[38] 姜红德.云安全:威胁仍存在[J].中国信息化,2016(4):68-69.

[39] 白少云.SaaS 模式下应用系统多租户技术研究[D].太原:太原科技大学,2016.

[40] 米沃奇.十二项云计算安全威胁[J].电脑知识与技术(经验技巧),2016(4):111-113.

[41] 南凯.社区云的关键技术、架构及挑战——以科技云为例[J].科研信息化技术与应用,2016,7(1):10-14.

[42] 许捷.云计算的安全架构、机制和模型评价[J].电脑知识与技术,2015,11(23):37-39.

[43] 谢灵群.云安全事件给云安全管理带来的启示[J].现代经济信息,2015(24):26-27

[44] 谭韶生.云计算中虚拟化技术的安全问题及对策[J].信息与电脑(理论版),2015(20):139-140.

[45] 王剑柯.云计算环境下的分布式存储[J].中国新通信,2015,17(20):33.

[46] 王丽丽.云计算中虚拟化技术的安全问题及对策研究[J].首都师范大学学报(自然科学版),2015,36(4):16-19.

[47] 董鑫.云计算中数据安全及隐私保护关键技术研究[D].上海:上海交通大学,2015.

[48] 王于丁,杨家海,徐聪,等.云计算访问控制技术研究综述[J].软件学报,2015,26(5):1129-1150.

[49] 陈思锦,吴韶波,高雪莹.云计算中的虚拟化技术与虚拟化安全[J].物联网技术,2015,5(3):52-53,57.

[50] 袁歆.DDoS 攻击防护解决方案研究[J].大众科技,2014,16(11):9-10,13.

[51] 陈阳.国内外云计算产业发展现状对比分析[J].北京邮电大学学报(社会科学版),2014,16(5):77-83.

[52] 孙强强.混合云模式中的安全问题研究[J].电力信息与通信技术,2014,12(7):40-44.

[53] 程凤刚.基于云计算的数据安全风险及防范策略[J].图书馆学研究,2014(2):15-17,36.

[54] 郭嘉凯.混合云的挑战[J].软件和信息服务,2013(11):62.

[55] 李森.浅析基于 SaaS 架构的多租户技术[J].电子设计工程,2013,21(20):41-44.

[56] 陈明,张晓勇.浅析 DDoS 攻击及其防护手段[J].网络安全技术与应用,2013(9):14-15.

[57] 邵宗有,张翔,白秀杰,等.云计算中的主机安全技术[J].信息安全与技术,2013,4(9):56-59.

[58] 赵耀栋,吕永帅.对现今云计算安全问题的研究与分析[J].计算机光盘软件与应用,2013,16(4):192,194.

[59] 韩德志,李楠楠,毕坤.云环境下的虚拟化技术探析[J].华中科技大学学报(自然科学版),2012,40(S1):262-265.

[60] 汪芳,张云勇,房秉毅.云安全管理体系和建设研究[J].电信科学,2012,28(12):114-118.

[61] 张文科,刘桂芬.云计算数据安全和隐私保护研究[J].信息安全与通信保密,2012(11):38-40.

[62] 姜政伟,刘宝旭.云计算安全威胁与风险分析[J].信息安全与技术,2012,3(11):36-38,47.

[63] 李振汕.云计算安全威胁分析[J].通信技术,2012,45(9):103-105,108.

[64] 刘怀北.浅谈网页防篡改技术[J].海峡科学,2012(7):23-24.

[65] 池俐英.云安全体系架构及关键技术研究[J].电脑开发与应用,2012,25(6):20-22.

[66] 肖衡,龙草芳,周雪.云计算中云安全探讨[J].科技创新导报,2012(17):22,24.

［67］ 倪晓熔.电信运营商 IT 支撑云计算资源池建设方案［J］.电信工程技术与标准化,2012,25(4)：49-53.

［68］ 林群力.从三大云计算中心宕机事件看云安全［J］.湖北函授大学学报,2011,24(12)：80-81.

［69］ 郑文武,李先绪,黄执勤.云计算中的并行计算技术分析［J］.电信科学,2011,27(12)：31-38.

［70］ 张韬.国内外云计算安全体系架构研究状况分析［J］.广播与电视技术,2011,38(11)：123-127.

［71］ 俞乃博.云计算 IaaS 服务模式探讨［J］.电信科学,2011,27(S1)：39-43.

［72］ 高静峰.浅析云查杀与主动防御［J］.信息网络安全,2011(9)：47-49,87.

［73］ 高林,宋相倩,王洁萍.云计算及其关键技术研究［J］.微型机与应用,2011,30(10)：5-7,11.

［74］ 熊锦华,虎嵩林,刘晖.云计算中的按需服务［J］.中兴通信技术,2010,16(4)：13-17.

［75］ 徐迪威.云计算关键技术探究［J］.现代计算机(专业版),2010(7)：41-43.

［76］ 钟晨晖.云计算的主要特征及应用［J］.软件导刊,2009,8(10)：3-5.

［77］ 于锋.无代理安全防护模式——虚拟化安全的必然趋势［J］.信息安全与技术,2012,3(12)：58-61.

图书资源支持

感谢您一直以来对清华版图书的支持和爱护。为了配合本书的使用，本书提供配套的资源，有需求的读者请扫描下方的"书圈"微信公众号二维码，在图书专区下载，也可以拨打电话或发送电子邮件咨询。

如果您在使用本书的过程中遇到了什么问题，或者有相关图书出版计划，也请您发邮件告诉我们，以便我们更好地为您服务。

我们的联系方式：

地　　　址：北京市海淀区双清路学研大厦 A 座 701

邮　　　编：100084

电　　　话：010-83470236　010-83470237

资源下载：http://www.tup.com.cn

客服邮箱：2301891038@qq.com

QQ：2301891038（请写明您的单位和姓名）

用微信扫一扫右边的二维码，即可关注清华大学出版社公众号"书圈"。

资源下载、样书申请

书圈

扫一扫，获取最新目录

课程直播